# Carbon Sequestration

碳 汇

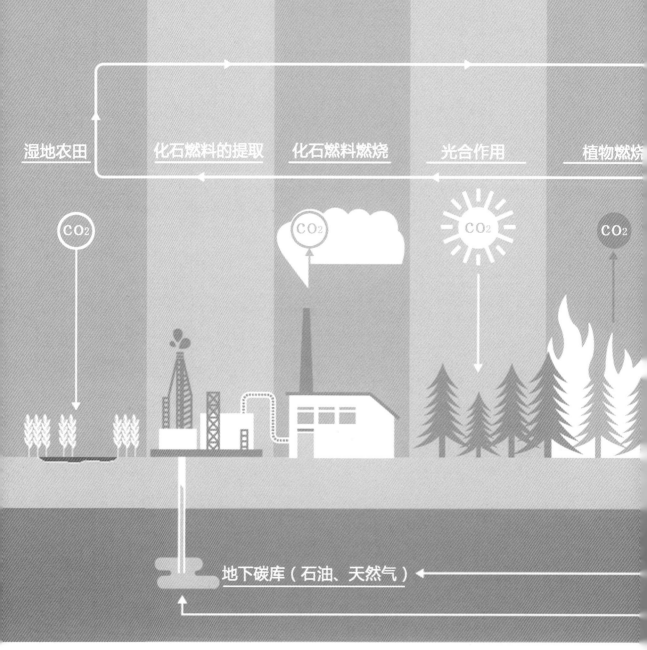

湿地农田　　　化石燃料的提取　　化石燃料燃烧　　光合作用　　植物燃烧

$CO_2$　　　　　　　　$CO_2$　　　　　　$CO_2$　　　　　$CO_2$

地下碳库（石油、天然气）

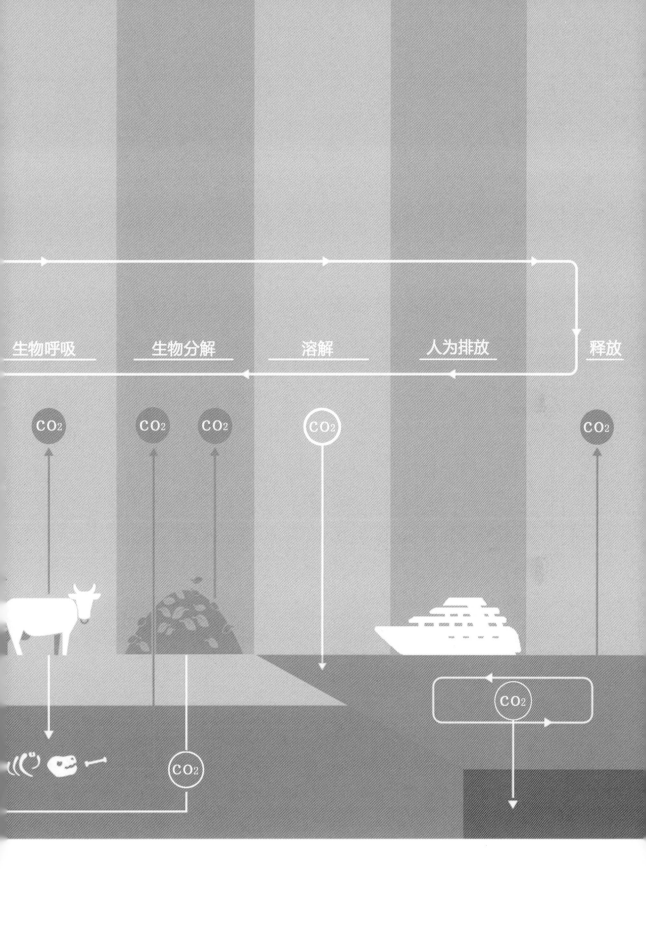

生物呼吸　　　　生物分解　　　　溶解　　　　人为排放　　　　释放

国家科学技术学术著作出版基金资助出版

Carbon
Sequestration

# 城市
## 生态系统
# 碳汇

石铁矛　汤　煜　李沛颖　著　in Urban Ecosystems

中国建筑工业出版社

# 前　言

全球气候变化导致极端气候事件频发，影响日渐深重，涉及全球共同利益，更关乎人民福祉。2020年9月，我国提出争取在2060年前实现"碳中和"的目标，这意味着，发达国家从碳达峰到碳中和60～70年的过渡期，我国需要缩短到30年。城市是碳排放产生的主要地域空间，是进行"碳中和"核算与政策制定的主体。除了减少固定能源与交通碳排放外，增加城市碳汇也是实现"碳中和"的重要手段。以往碳汇的研究主要集中在森林、草原、湿地、海洋、土壤等方面，把城市作为主要碳源，而忽视了城市生态系统的碳汇功能。城市生态系统由自然环境、社会经济和文化科学技术共同组成，包括了作为城市发展基础的房屋建筑和其他设施，以及作为城市主体的居民及其活动。城市区域内的植被、土壤、水系、建筑物等具有吸碳能力的要素都是城市碳汇的主要组成。本书从城市生态系统的碳汇功能出发，揭示了城市生态系统各组成部分的碳汇，为碳中和研究提供了一个全新视角。

重视城市碳汇资源相关工作的开展，通过定量分析城市空间格局与碳汇的关系，促进碳汇资源持续增加和碳汇品质持续提升，能够有效推动低碳生态城市建设。现有关于碳汇方面的研究大多针对城市森林绿地或土壤某一方面，而建筑碳汇空间情况迄今为止还没有相关研究。城市是一个复合生态系统，只有深入揭示城市各类型碳汇固碳能力，以及其空间布局对城市整体碳吸收的影响，才能够全面掌握城市碳循环的内在机制。

本书从自然碳汇系统和人工碳汇系统的角度，以沈阳核心城区为研究区，以自然碳汇系统和人工碳汇系统碳储存功能为研究对象，通过样方调查、实验分析、遥感技术及空间分析等方法相结合，建立了城市生态系统碳汇量化方法，估算了城市生态系统的碳储量，明确碳储量空间分布特征及规律，探究城市生态系统碳汇功能的影响机制。基于绿地"关键空间—廊道—战略点"，提出优化策略构建城市自然碳汇系统生态网络，重塑城市自然碳汇系统碳汇空间的格局，改善城市碳汇生态环境；从调整建筑布局、延长建筑使用寿命、增强新技术与新材料使用等方面，提出人工碳汇系统调控策略。为更好地发挥城市生态系统碳储存生态效益和社会效益，实现城市的低碳生态规划建设提供理论基础和实践参考。

本书为使读者了解市生态系统碳汇过程与碳汇空间格局，在国家自然科学基金面上项目"基于建筑碳汇容量的城市低碳空间布局优化"(51578344)的研究成果基础上，增加了城市自然生态系统碳汇相关内容，提出并建立系统完整的城市生态系统碳汇核算方法体系，揭示了城市碳汇总量特征，阐明城市碳汇空间分布与城市空间格局的关系，弥补城市碳循环中的碳缺失。从城市碳汇空间配置的角度，提出城市碳汇功能提升策略，为解决全球气候变化、实现城市碳中和提供规划依据。

本书执笔人有沈阳建筑大学石铁矛、李沛颖和汤煜。石铁矛总体组织和设计。具体分工如下：前言由石铁矛执笔，第1章由石铁矛、李沛颖和汤煜执笔，第2、3、4章由石铁矛和汤煜执笔，第5、6章由石铁矛和李沛颖执笔，第7、8、9章由石铁矛、李沛颖和汤煜执笔，全书由李沛颖统稿。

本书是作者近些年来的学习心得与科研成果的总结，从想法提出、实验设计到数据收集都倾注了大量精力与智慧，但其中难免存在不足之处，谨以此书的出版发行献给从事低碳规划的同仁，期望能够引起人们对城市碳汇的关注，为实现碳达峰与碳中和贡献一份力量。

# 目 录

# 第4章　城市水系碳汇能力研究

# 第5章　建筑单体碳汇核算方法

# 第6章　城市建筑碳汇核算模型

## 第7章　沈阳城市生态系统碳汇能力与空间分布

## 第8章　景观格局对城市生态系统碳汇影响机制

## 第9章　城市生态系统碳汇空间优化与调控策略

**参考文献**

**后记**

Urban Ecosystems

第 1 章

总论

# 1.1 城市生态系统碳汇概念与组成

## 1.1.1 城市生态系统

　　生态系统是指一个生态功能单位，这个功能单位由在一定的空间范围内的生物和非生物成分组成，不同成分之间通过物质的循环和能量流动进行相互作用，从而形成一个相互依赖的整体。城市生态系统是指城市空间范围内的居民与自然环境系统和人工建造的社会环境系统相互作用而形成的有机整体。它是以人为主体的、人工化环境的、开放的人工生态系统[1]。城市生态系统是一个特殊的生态系统，它的特殊性主要表现在自然与人工的耦合，这种耦合关系不断交织和完善，已经涵盖了不同的学科领域，如经济、人文、环境等。因此，许多学者从各自的学科特点提出了城市生态系统的定义，这些定义都与相应的学科背景有一定的关联。马世俊、王如松以人类生产和生活为中心，提出城市生态系统主要由环境和居民组成，城市生态系统的特征是由社会、经济、自然复合而成。宋永昌等人认为，城市生态系统是以人为核心，以其他生物、周围环境和人工环境相互作用共同构成的。

　　城市生态系统一般认为主要由自然、经济、社会生态三个子系统组成，各子系统之间按照一定的形体和营养结构共同组成了城市生态系统，这是城市生态系统的功能结构（图1-1）[1]。这些功能结构中的子系统之间保持了相互联系、相互影响、相互制约的关系。

　　（1）自然生态子系统。这个子系统的中心是生物，包括动物、植物、微生物等物种种类，及自然环境类和人工设施类等。因此这个子系统是以生物与环境为主体的，主要特征是系统要素的协同共生，而环境主要为城市活动提供支持和净化等功能，但是现在的城市自然子系统往往遭受了极为严重的破坏。

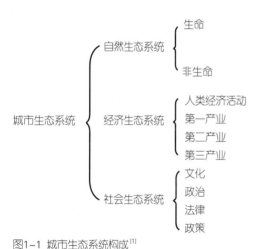

图1-1 城市生态系统构成[1]

（2）经济生态子系统。其包括生产、分配、流通和消费的各个环节；这个子系统的中心是资源，其包含物质资源、人力资源、信息资源等。这些资源的载体由城市工业、周边城镇的农业等子系统组成。

（3）社会生态子系统。这个子系统是以人为中心，涉及城市居民社会、经济及文化活动的各个方面，主要表现为人与人之间、个人与集体之间以及集体与集体之间的各种关系。这个子系统的终极目标是满足人类的合理、正常需求，这些需求包括城市居民的居住、工作、出行、医疗、教育、娱乐等。

因此，城市生态系统复合系统中，自然生态系统是基础，社会生态子系统、经济生态子系统是上层结构。最终三个子系统共同构成了城市生态系统这个复杂的综合体，三者之间相互制约、相互依存，形成了一个相对稳定性的系统。

## 1.1.2 碳汇

自1992年制定了《联合国气候变化框架公约》开始，国际社会才开始重视$CO_2$等温室气体排放。1997年，多国签订了《京都议定书》，将碳汇定义为从大气中清除$CO_2$的过程、活动或机制。通俗地说，当生态系统固定的碳量大于排放的碳量，该系统则被称为大气中$CO_2$的汇，简称碳汇，反之，则为碳源[2]。世界各国政府和科学界的联合计划项目，以全球系统中生物—陆地系统的碳储量、碳循环和碳平衡为主要研究对象，并对碳汇的生产方式、计量方法、效益评价、经济交易、社会管理、动态监测、模型评估和预测等方面展开了深入的研究。目前对碳汇储存的位置一般界定为陆地生态系统（包括森林、草地、土壤、湿地、岩石等）和海洋系统。

## 1.1.3 城市生态系统碳汇组成

城市生态系统的碳汇包括自然碳汇系统和人工碳汇系统。自然碳汇系统是指城市中的土壤、植被和水系等自然生态要素构成的碳汇系统。城市是人类活动最集中的地方，三者处于城市环境中，均会受到人类活动的干扰和影响，但他们又相对独立于人类活动，各自进行着碳汇活动，在这个过程中相互影响，相互联系，共同承担了城市碳汇的功能。人工碳汇系统则包括了具有固碳能力的人工材料与人工设施，如混凝土建构筑物、家具、书籍、衣物和垃圾等，其中混凝土建筑在使用过程中积累的碳在人工生态系统中占比较高，因此，本书中的人工碳汇系统是指城市中的建构筑物等。

# 1.2 城市生态系统碳汇相关理论

## 1.2.1 碳循环理论

碳循环即是碳在地球系统中通过物理、化学、生物过程及其相互作用的驱动下，以各种不同形态或形式在每个子系统内部及子系统之间迁移转化的运动过程（图1-2）。地球系统的碳循环分为三个子系统，即大气系统中的碳循环、海洋系统中的碳循环以及陆地系统中的碳循环。各个系统中的碳循环研究，自20世纪70年代起就有不少科学家对其进行了深入探讨。研究显示，在万年时间尺度上，地球的三个子系统之间的碳交换量呈周期性规则变化。

### （1）大气系统中的碳循环

大气系统中的碳循环发生在大气内部的物理过程和那些与碳有关的大气化学反应过程。已有研究表明，在没有人类干预的前提下，自然大气中的气体化学反应基本处于动态平衡的状态，其中$CO_2$主要是碳源和碳汇之间的物理循环。然而，在人类活动的干预下，大气中的化学反应会因为人类活动对碳气体的浓度变化而形成氧化效率反应，导致大气中的气体化学不平衡。

### （2）海洋系统中的碳循环

海洋系统中的碳循环包含海洋物理泵和海洋生物泵两个过程。物理泵就是把

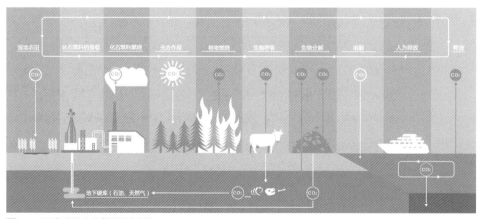

图1-2 地球系统中的碳循环过程

海气界面的气体交换和将$CO_2$从海洋表面向深海输送的物理过程。物理泵吸收$CO_2$的多少取决于风速和穿越海气界面的分压差。其工作原理是海水在各大洋之间相互交汇形成有规律的洋流，洋流在不同维度地区温度不同使得海水在不同层面流动。在流动过程中海水会吸收$CO_2$，海水和沉积物中的有机物分解释放出$CO_2$。生物泵是海洋在真光层中的浮游生物通过光合作用吸收碳及其向深海和海底沉积物的输送过程。

### （3）陆地系统中的碳循环

陆地系统中的碳循环主要是陆地生态系统随时间和空间变换效应作用下的生理过程和结构间的相互作用。陆地生态系统中的碳循环结构主要包括森林、草地、湿地、内陆水体、农田土壤等生态系统。碳循环的过程是在陆地生态系统各结构之间不同时间和空间尺度上发生的，陆地生态系统的复杂性决定了碳循环过程的时空复杂性。对于不同时空尺度而言，影响碳循环的因素受气候条件、人类活动的干预以及各结构内部的循环机理不同而具有较大差异。

### （4）碳循环中的源与汇

碳循环的研究过程根据已有研究可简化为大气中的碳平衡方程，当以大气作为参考对象时，将使大气$CO_2$浓度以任意形式增加或减少的元素为源和汇。目前公认的大气$CO_2$动态方程为：

$$\frac{dCO_2}{dt} = C + D + R + S + O - P - I - B \tag{1-1}$$

式中，$\frac{dCO_2}{dt}$为大气中$CO_2$的动态变化率，其他各项为大气$CO_2$的源和汇。其中，主要碳源产生的$CO_2$包括：化石燃料燃烧，$C$；土地利用变化，$D$；陆地植物的自养呼吸，$R$；陆地植物的异养呼吸，$S$；海洋释放，$O$。主要碳汇吸收的$CO_2$包括：陆地生态系统的光合作用，$P$；海洋吸收，$I$；陆地和海洋的自身碳库，$B$。

其中，海洋同时存在排放和吸收两种状态，但吸收大于排放，因此海洋为大气$CO_2$的汇。陆地生态系统中，植物的光合作用、自养呼吸以及异养呼吸作为一个整体循环考虑，可忽略不计。因此，在全球碳循环过程中，碳平衡为：

源（化石燃料 + 土地利用）= 汇（大气增加 + 海洋 + 未知碳汇）

不同作者因方法和数据来源不同给出的估计值见表1–1，尽管对各种碳汇和碳源估计值的研究结果差异较明显，但是表中所列的各种全球碳平衡估计中都指出了未知失汇的存在。这种未知碳汇，即人类燃烧化石燃料和热带毁林所排放的一部分$CO_2$不知去向，称为"碳失汇"。

全球碳平衡各项估计值 　　　　　　表1-1

| 化石燃料排放 (Pg) | 土地利用变化净排放 (Pg) | 大气增加 (Pg) | 海洋吸收 (Pg) | 未知汇量 (Pg) | 文献来源 |
|---|---|---|---|---|---|
| 5.2 | 3.3 | 2.5 | 2.0 | 4.0 | Woodwell et al (1983) |
| 5.0 | 1.3 | 2.9 | 2.4 | 1.0 | Trabalka (1985) |
| 5.4 | 1.6 | 3.4 | 2.0 | 1.6 | Houghton et al (1990) |
| 5.3 | 1.8 | 3.0 | 1.0~1.6 | 2.5~3.1 | Tans et al (1990) |
| 6.0 | 1.5 | 3.0 | 2.0 | 2.5 | Houghton (1995) |
| 6.0 | 0.9 | 3.2 | 2.0 | 1.7 | Schlesinger (1997) |
| 5.5(±0.5) | 1.6(±0.7) | 3.3(±0.2) | 2.0(±0.8) | 1.8(±1.2) | The Woods Hole Research Center (1980s) |
| 7.7 (±0.4) | 1.5 (±0.7) | 4.1(±0.04) | 2.3 (±0.4) | 2.8(±0.9) | The Woods Hole Research Center (2000—2008) |

## 1.2.2 "源—汇"空间格局理论

由于人类活动对地表物质的剧烈影响，地球化学循环过程变得更加复杂，生态学、地球化学、气候变化等领域以人类活动对碳源、碳汇分布及碳循环的影响为主要研究问题。人类活动是地球碳循环中碳排放的主要驱动力，特别是城市系统中的碳排放约占全球的80%[3]，碳循环的人为扰动使温室气体逐渐增加，促使地球的温室效应愈发严重。

美国的库姆等在干旱城市环境人类活动$CO_2$排放的研究中，将通过人的活动所引起的空气中$CO_2$变化作为研究对象，以人的出行与生产生活活动对于周边环境的影响为研究内容，监测出人为活动引起的$CO_2$含量变化，借助$CO_2$监测仪器，得出不同时间不同地点的$CO_2$含量，同时基于二氧化碳数据进行相关分析，得出初步结论，人为活动所引起的$CO_2$排放占$CO_2$排放总量的 80%。英国是较早进行工业革命的国家，也是较早发现$CO_2$的排放对气候变化产生影响的国家，因而率先对城市低碳发展规划进行了调整，同时研究通过了《气候变化法案》，对低碳城市空间规划的发展起到重要作用。英国规划协会提出不同城市空间形态应有不同的低碳规划措施，而格莱恩则认为城市空间格局的使用方式与人居能源碳排放呈负相关关系，这个理论表明了土地利用约束程度越高，人居生活水平越低，城市整体经济水平越低。布冯等通过分析产业与城市空间格局的关系，发现高密度城市格局可以有效减少人们因为工作与商业出行所产生的里程数，从而减少出行所引起的能源排放问题，所以发展紧凑型城市空间具有一定的优势同时也具有可行性。此外，城市空间格局可以从电力与热力远程输送与城市热岛效应等三个途径来减少城市能源碳排放问题，这三种方式相互作用，共同影响城市空间形态。

国内对碳源碳汇的研究方面，方精云[4]作为较早的研究者，以7次森林植被的数据为基础，通过生物量换算的研究方法，对中国森林植被碳汇功能进行实测分析，总结其特点，并推算了森林碳汇量。中科院王绍强[5]通过运用地理信息系统（GIS），分析了东北森林植被等相关情况，对东北地区进行碳储量测算并得到大量数据结果。对于城市空间结构与能源碳排放关系开始更加紧密，潘海啸等人[6]通过对城市空间与能源碳排放相互作用关系的研究发现，其对于城市经济发展会产生一定的制约作用，并从城市总体规划、区域规划与控制性规划三个层次对城市规划的编制与修订方法进行调整，同时在城市交通系统布局、城市功能区布局等方面进行细化调节。城市产业结构调整与城市总体格局方面，研究重点侧重城市空间结构调整优化对城市产业发展的重要作用[7]，同时为城市整体产业发展的基础设施，碳源碳汇空间格局的优化提供基础。在低碳空间格局的研究中，从交通方式的改变去探讨城市空间布局对碳源碳汇产生影响的研究较为深入，其观点认为城市立体空间可以有效地缓解城市发展对环境产生的压力[8]。

# 1.3 城市生态系统碳汇研究进展

## 1.3.1 自然生态系统碳汇的研究进展

碳汇包含了海洋及陆地生态系统、农业、化工行业等不同系统，其中一条重要的途径是通过生物碳的产生和传递过程而实现，称为生物碳汇。绿色植物通过光合作用吸收$CO_2$同时又会通过呼吸作用释放$CO_2$，当光合作用大于呼吸作用时，过剩的碳就会以生物量的形式储存，这便是树木对于$CO_2$的固定作用的原理。土壤中的有机碳主要来源于动植物的残体和枯枝落叶经微生物分解转化和化学转化。20世纪60年代起，国外开始进行碳汇相关问题的研究，由国际科学联合会（ICSU）组织的国际生物学计划（IBP）标志着全球陆地森林生态系统碳蓄存研究的开始。国内则直到20世纪70年代后期才开始碳汇问题研究，主要以借鉴国外较为成熟的方法理论为主，并结合中国环境的实际情况，改良相关的估测模型，也取得了很多的成果。自1992年开始，国际社会相继制定了《联合国气候变化框架公约》和《京都议定书》，才真正使得"碳汇"一词广为人知，成为国际气候公约的重要内容。现在碳汇已经引起了越来越多专家、学者和公众的关注，它已成为全球气候变化会议的主题和目标[9]。

陆地生态系统作为人类的居住环境和人类活动的主要场所，是全球碳循环的重要组成部分。通过陆地生态系统固碳，实现温室气体减排，是应对全球气候变化的重要手段之一。但由于其下垫面的复杂性以及人类活动的强烈干扰，它同时也是目前研究中存在较大不确定性的生态系统之一，对陆地生态系统碳循环的研究是全球碳循环研究的关键环节[10]。

陆地生态系统中的各个层次都具有碳汇能力，乔木、灌木、草本植物、土壤都具有碳汇的作用。不少研究以国际和地区为单元进行了陆地生态系统的碳汇估算，中国作为一个大国，陆地生态系统碳汇问题为国际广为关注。方精云（2007）对中国1981—2000年间陆地生态系统的碳汇做了估算，认为该时段中国陆地生态系统年均碳汇相当于同期工业$CO_2$排放量的20.8%～26.8%[11]。可见,陆地生态系统的碳汇对碳排放的抵消有重大贡献。

## （1）森林碳汇

森林作为陆地生态系统的主体，存储了全球植被碳库的86%和土壤碳库的73%[12]，是全球重要的碳汇，为全球碳循环做出了重大贡献。森林生态系统被认为是世界上巨大的碳库。

国外对森林碳汇理论的研究始于20世纪60年代，主要的研究内容有森林碳汇计量方法分析、森林类型的不同引致的碳汇功能的差异、森林生态系统在应对全球变暖中的地位及作用等。Sedjob[13]研究了全球陆地生态系统的碳储量，得出全球陆地总碳储量为$1800 \times 10^9$ t C，其中森林贡献了77%的碳储量。Apps M j[14]等科学家的研究表明，在全球森林生态系统碳储量中，美国、加拿大、俄罗斯三个国家所占比重较大，主要是由于这些国家合理的自然地理条件以及森林生态系统的林分类型、面积和年龄结构；Dixon等[15]将全球分为高、中、低三个纬度测定出全球森林碳储量为$359 \times 10^9$ t，其中高、中、低纬度碳储量分别为$88 \times 10^9$ t、$59 \times 10^9$ t、$212 \times 10^9$ t，在总碳储量占比依次为25%、16%和59%。

我国在国家层面上对森林碳汇计量的研究始于1996年康惠宁等对我国森林碳现状和潜力的估计[16]；2000年，周玉荣等计算了我国各主要森林类型的碳储量[17]；2001年，王效科等人根据林木龄级研究并估算了我国森林生态系统的碳密度和碳储量[18]；李晓曼[19]、李忠伟[20]、方精云[21]、赵敏[22]等人利用生物量转换因子连续函数法对我国森林碳储量都进行过估计。在研究中，产生了许多优秀模型，如：杨洪晓[23]总结了Thomth waite Memorial模型和MIAM模型等经验模型，BIOME模型、MAPSS模型、CENTURY模型、BIOME—BGC模型、CASA模型等机制模型，Holdridge生命地带模型和Chikugo模型等。

森林碳储量测算方法主要有样地实测法、材积源生物量法、净生态系统碳交换法与遥感判读法四种方法。

### （2）草原碳汇

相比森林生态系统碳汇，对草原生态系统碳汇的研究相对较少。全球草原碳储量约为266.3 Pg C（1 Pg C=$10^{15}$g C），是全球陆地生态系统中面积巨大的碳库[24]，占全球生态系统碳储量的33%～34%，对应对全球气候变暖具有十分重要的作用。方精云等利用草场资源清查资料、农业统计、气候等地面观测资料，以及卫星遥感数据，并参考国外的研究结果，估算了1981—2000年间中国草地面积约为$331 \times 10^6$ hm²，总碳库1.15 Pg C，总碳密度3.46 t·hm⁻²，年均碳汇0.007 Pg C·a⁻¹，约为森林植被的十分之一[11]；朴世龙[25]等利用我国草地资源清查资料及同期的遥感影像，根据NDVI值对我国草地植被生物量及其空间分布特征进行了探讨，研究结果表明我国草地生态系统总生物量为1044.76Tg C，占世界草地植被的2.1%～3.7%，平均密度约为315.24 g C·m⁻²，低于世界平均水平；Ni. J[26]等应用Olson等的碳密度数据估算了中国陆地生态系统18种草地类型碳储量，草地面积为$298.97 \times 10^6$ hm²，总碳储量为44.09 Pg C，其中植被层为3.06 Pg C，土壤层为41.03 Pg C；Fan J W[27]等根据1980—1991年11年间中国草地资源的调查数据，同时参考样带调查所获得的实测数据和公开发表的资料，计算了中国草地生态系统调查分类中的17种草地类型的地上和地下生物量值，最后估算出我国草地植被碳储量约为3.32 Pg C；Piao等[28]研究表明我国草原碳吸收大于碳排放，1980—1990年间每年固定0.0076±0.002 Pg C。

### （3）农田碳汇

农田同自然景观系统相比，具有系统结构简单、开放和生产力高等特点[29]。农田生态系统是陆地生态系统的重要组成部分，同时也是重要的大气碳源和碳汇。一方面，大气中20%的$CO_2$、70%的$CH_4$和90%的$N_2O$来源于农业活动及其相关过程；另一方面，全球农田也是巨大的碳库，其碳储量达170Pg，占全球陆地碳储量的10%以上[30~32]。据Cole[33]和Lal[34]等研究，全球耕地总固碳潜力为0.75~1.0Pg·$a^{-1}$。这表明农田生态系统特别是农田土壤具有巨大的固碳潜力。农田占全球陆地面积的11%，是重要的陆地生态系统类型。随着不断增加的人口（尤其在热带），耕地面积也在不断增加，其年增加率为15Mh·$a^{-1}$ [35]。农田不断收获农产品而移走地上部生物量，因而碳主要以土壤碳的形式存在，农田土壤碳占到全球碳库的8%~10%。

### （4）湿地碳汇

湿地作为四大陆地生态系统之一，是世界上的碳库之一，全球湿地面积约为$5.3×10^3$~$5.7×10^3$ $hm^2$，仅占地球陆地面积的4%~6%，但在维持全球碳平衡中却起着巨大作用。目前对于全球湿地总碳储量的估计，存在一定的差异。1998年加拿大国家碳汇报告中估计，湿地碳储量占全球陆地生态系统总碳储量的14%[36]；Zhang[37]等研究指出仅占有全球陆地表面积3%的湿地，其碳库储量占到陆地碳库总储量的15%~30%；而据联合国粮农组织的世界森林状况报告估计，湿地仅占全球陆地生态系统碳总量的7%[38]；Trettin指出仅占全球2%陆地面积的湿地土壤却存储了约五分之一的全球陆地碳储量；由陈宜瑜[39]主编的《中国湿地研究》一书中给出的是湿地碳库储量占陆地碳库总储量的15%；马学慧[40]等指出中国的三江平原是一个重要的碳汇，每年可以存储$7.4×10^{11}$ g C；王绍强[41]等估算了黄河三角洲河口湿地土壤碳库和植被碳库分别为$7.24×10^6$ t和$11.43×10^5$ t，认为在不考虑土地覆被变化对土壤有机碳的影响条件下，河口湿地是一个小净碳汇区；20世纪70年代以后，国际上一些学者开始研究湿地碳循环模型，其中较有影响的湿地碳循环模型主要有Van der Peijl等人[42]的河滨湿地碳、氮和磷循环动力学模型，开发了用以评价欧洲湿地生态系统功能特征养分循环模型；Wynn等人[43]利用CSTR模拟模型对美国马里兰Mayo湿地进行了模拟和预测。

### （5）土壤碳汇

土壤是陆地生态系统的主体，是陆地生态系统三大碳库之一。据估计，全球农业土壤固碳潜力为20 Pg C，在近25年内年固碳速率平均可达（0.9±1.3）Pg C[44]，每年差不多收集固定全球大气中$CO_2$总增加量的1/4～1/3。欧盟15国农业土壤的年固碳潜力为90～120Tg C[45]（1 Tg = $10^{12}$ g），美国农业土壤碳储量为$10^7$ Tg C[34]。土壤碳库对维持全球碳平衡有着重要的作用，任何小幅度变化都会使大气中碳的排放受到很大的影响，进而以温室效应影响全球气候变化。由此，国内外学者广泛进行了全球、国家和区域尺度上的土壤碳库的研究。20世纪50年代，一些学者曾利用有限的土壤剖面数据对全球的土壤碳库进行估算。21世纪80年代，Bohn[46]估算出全球1m深度的土壤碳储量为2200 Pg；Post[47]等通过Olson将收集到的2696个土壤剖面数据绘制成全球主要生态系统分布图，并由此得到各生命带面积，得出全球1m深度土层的土壤碳储量为1395 Pg；Rubey等人[48]根据相关学者提出的美国9个土壤剖面的土壤有机碳含量，得出全球土壤有机碳库为170 Pg。Bajtes[49]将世界土壤图按0.5经度×0.5纬度划分成259200个基本网格单元，计算出网格单元的平均碳密度，得出全球1m和2m土壤的有机碳储量分别为1500 Pg和2400 Pg。Eswaran[50]使用美国本土的15000个土壤剖面和包括45个国家（主要位于热带）的约1000个土壤剖面，利用FAO-UNESCO土壤图获得了1971—1981年各土壤类型的分布面积，估算出全球土壤有机碳储量为1576Pg。

国内一些学者从国家尺度上采用不同方法估算我国土壤有机碳储量，探讨我国土壤碳库在全球陆地生态系统碳循环过程中所做的贡献。方精云[51]等估算出我国土壤碳库为185.69 Pg C，李克让[52]等利用0.5度经纬网格分辨率的气候、植被和土壤数据驱动的生物地球化学模型，即CEVSA模型，得出我国土壤有机碳储量为82.65 Pg C；解宪丽[53]等在1∶400万中国植被图的基础上，利用2440个典型土壤剖面和第二次土壤普查数据，对不同植被类型下的不同厚度的土壤有机碳密度和储量进行估算，估算出我国1m和0.2m厚度土壤有机碳总储量分别为69.38Pg C和23.18 Pg C；王绍强等[54]等利用我国第二次土壤普查实测2473个典型土壤剖面数据和各类型土壤的分布面积，估算出我国土壤有机碳库储量约为924.18×$10^8$ t，平均碳密度为10.35 kg·$m^{-2}$，指出中国土壤是一个巨大的碳库；于东升[55]等在中国1∶100万土壤数据库的基础上，利用包含926个土壤类型单元、690个土属类型，7292个全国各类型土壤剖面数据的土壤空间数据库，在中国的土壤面积928.10×$10^4$ $km^2$上估算出中国土壤有机碳储量为89.4 Pg，土壤平均碳密度为9.60 kg·$m^{-2}$。

目前，估算土壤碳库的研究很多，采用的研究方法也各有不同，主要的研究方法可以概括为植被类型法、土壤类型法、生命带法和模型法等四种方法[56]。其中前两种是根据植被或土壤类型确定面积和与之相对应的土壤碳密度来估计土壤碳库总量，是使用较为普遍的方法。

## 1.3.2 城市生态系统碳汇的研究进展

### （1）城市自然碳汇系统

对于城市来讲，常见的碳汇载体主要是绿地。周健、肖荣波[57]等对城市森林碳汇及其核算方法进行研究，分析了各种碳汇核算方法的优缺点和适用的局限性，指出样地调查、模型模拟和遥感分析等方法的综合运用是未来解决尺度耦合问题、提高估算精度以及研究城市森林生态系统碳循环的主要趋势。应天玉[58]以哈尔滨城市绿地为研究对象，选取140块样地进行实地调查，同时结合高空间分辨率的遥感影像，建立哈尔滨城市绿地空间数据库，以样地碳储量估算结果推测整体绿地碳储量，得到哈尔滨城市绿地碳储量空间分布，并得出哈尔滨市内落叶松及榆树的碳储量占比较大。徐飞等[59]利用上海市区航片数字化、代表性样地群落调查，利用City-green模型软件评估上海城市森林固碳能力，并探讨群落结构对固碳能力的影响。发现上海城市森林总碳储量为$47.85 \times 10^4$t，平均碳密度为47.8t·$hm^{-2}$。城市森林的固碳率与郁闭度及群落密度呈正相关，而与平均胸径负相关，碳密度与郁闭度、平均胸径均呈现正相关。施维林，钟宇鸣等[60]对城市植被碳汇研究方法及进展进行了梳理，对每棵树每年的固碳能力进行总量估计，其固碳总量为1.4~54.5kg。Follet等人对不同种类草坪进行研究，发现人工草坪每年的净固碳量为0.25~2.04t·$hm^{-2}$。姜刘志[61]利用SPOTS影像数据、样方调查数据，采用逐步回归法，建立红树林植物群落碳密度估算模型，评估深圳市红树林植物群落碳储量，发现深圳市红树林碳储量为$0.93 \times 10^4$t，碳密度为54.81t·$hm^{-2}$。

叶祖达[62]通过建立以城乡生态绿地空间为本位的碳汇功能评估模型，探讨新规划理念与方法，并确立有科学基础、有操作性的碳汇功能评价方法。周健、肖荣波等人[57]从碳汇时空分布和城市森林与低碳发展关系两方面评述了城市森林碳汇特征。国外有关城市碳汇的研究是将城市作为一个生态系统，从城市生态系统与气候变化、城市森林碳汇、草坪与住区景观碳汇、城市生态系统发展形势和管理层面这几个方面对城市碳汇进行综合研究论述。叶有华、邹剑锋、吴锋等人[63]对高度城镇化地区碳汇资源基本特征及其提升策略进行了分析，从城市复合生态系统的角度，计算不同用地类型的碳汇量。

相较于我国，国外对于碳源、碳汇等内容的研究发展较快，其分析模型以及相应的技术手段已经有了阶段性的成果，该类成果也为本书的研究提供了强大的理论及技术支撑。City-green计算系统[64]和Tree Benefit Calculator计算系统[65]为研究城市绿地系统碳汇提供了可能性。综合现有查阅的文献总结得出对森林、草地和湿地碳储量估算的方法有很多，但对于城市绿地的碳汇估算方法研究却少之又少，现存的研究也是基于森林生态系统碳汇研究的基础之上或是以同样的方法进行的研究。目前研究表明，这些方法需经过调整后结合相应的技术支撑，才可应用于城市绿地碳储量的估算，适用性虽不高但也不失为一种开源性的研究方法。

### （2）城市人工碳汇系统

城市人工生态系统中具有碳吸收作用的材料包括水泥混凝土材料、砂浆、非金属氧化物等。

混凝土碳汇功能的研究较早出现在美国硅酸盐水泥协会（Portland Cement Association，PCA）的两个研究报告中，从环境对混凝土碳化的影响、水泥成分对碳吸收的影响以及碳汇量测试和核算的方法等方面做了全面的论述，并对美国当时使用中的建筑碳汇量进行估算，发现在建筑建成后的第一年，碳汇总量可达$20 \times 10^4$ t[66, 67]。关于建筑碳汇速率的研究出现在土木工程领域，主要从混凝土抗碳化腐蚀的角度进行研究[68]，对于建筑使用阶段的混凝土的碳汇深度进行估算，并对碳化速率的因素如温度、湿度、暴露条件、孔隙度、水灰比、强度等级、环境$CO_2$浓度、表面涂料等进行实验分析，该领域的学者们通过测试和统计分析，量化了不同条件下的混凝土的碳化速率[69, 70]，仅仅有少量的科学家关注了混凝土的碳汇功能[69, 71, 72]。Nowak[73~75]等人针对美国城市地区碳的停留时间以及碳吸收与碳排放进行了研究（表1-2）。

城市各组成部分的碳循环情况 表1-2

| | 自然部分 | | 人工部分 | |
|---|---|---|---|---|
| | 植被 | 土壤 | 木材、塑料 | 混凝土 |
| 停留时间（a） | 1～45 | 1～500 | 12～80 | 0.8～100 |
| 碳吸收（Pg·a⁻¹） | 0.02 | —— | —— | 0.0004 |
| 碳排放（Pg·a⁻¹） | 0.006~0.01 | —— | —— | —— |

注：Pg为计量单位皮克，"——"表示数据暂时无法提供。

Pommer等[76]从碳平衡角度建立了一个对混凝土产品包括其服务周期和第二生命周期的$CO_2$全生命周期碳汇清单的通用程序，通过模型计算42kg·m$^{-2}$服务周期50年的混凝土瓦屋面碳汇量占其自身碳排放的39%。北欧科学家Pade[77]、Andersson[78]等从建筑生命周期的视角，采用生命周期评价方法，将混凝土碳汇功能的核算划分为建筑使用阶段碳化、建筑拆除阶段碳化、建筑垃圾处理和再循环阶段碳化，核算碳汇量，测试了不同条件下的混凝土碳化参数，并分析了北欧国家的混凝土碳汇量，即在100年的生命周期里，丹麦、挪威、瑞士、冰岛的碳汇量分别达$34 \times 10^4$ t、$22 \times 10^4$ t、$24 \times 10^4$ t、$2.1 \times 10^4$ t，相当于混凝土生产年份产生$CO_2$排放量的57%、33%、33%、36%；截至2011年，瑞典所有现有结构中的$CO_2$吸收量约为$30 \times 10^4$ t，相当于其自身在同年产生的总排放量（煅烧和燃料）的约17%[79]。这些研究对于量化混凝土的碳化功能具有重大贡献，基本建立了核算混凝土碳汇量的方法[80]。韩国科学家Yang等[81]在考虑了建筑混凝土的表面材料的基础上，深化了碳汇数学模型，对韩国框架结构体系的办公楼和住宅进行了比较分析，最后计算得出混凝土在100年生命周期内，其$CO_2$吸收量估计为混凝土生产碳排放量的15.5% ~ 17%。Garcia-Segura等[82]通过三种不同水泥材料制成的混凝土分析，计算并估计了三种水泥碳汇量和碳排放量，考虑混凝土粉碎后的循环和碳化，并通过案例的研究给出了相应的优化。

国内的研究者近年在水泥碳汇方面取得了巨大进展，孙楠楠[83]深入分析了运输及碳化对再生混凝土（Recycled Aggregate Concrete，RAC）生命周期碳排放的影响，提出了其碳吸收估算方法的不足，对原有的碳吸收估算模型进行补充和修正，建立了碳排放再生粗骨料运距关系模型及碳化—碳吸收模型，模拟算例生命周期全过程的碳排放并进行了系统地分析及评价。张洙贤、孙永乐[84]引入碳平衡理论，建立建筑生命周期碳平衡概念模型及计算模型，以实际案例估算并分析了碳平衡的影响因素。结果表明：碳吸收量相较于碳排放量不能被忽略，混凝土废弃物回收再利用作为粗骨料生产混凝土可以增加碳吸收。郗凤明、石铁矛等[85]从水泥材料碳汇发生原理、碳化影响因素、混凝土水泥碳汇、砂浆水泥碳汇与水泥窑灰碳汇等方面，综述了水泥材料整个生命周期碳汇的相关研究。此外，中国科学研究院联合哈佛大学[86]在国际顶级期刊《自然·地球科学》（Nature Geoscience）在线发表的研究论文《实质性的全球水泥碳化的碳吸收》（Substantial global carbon uptake by cement carbonation）中，量化了1930—2013年全球水泥工业过程中$CO_2$排放量$381 \times 10^8$ t，以及同期水泥材料碳汇吸收量高达$165 \times 10^8$ t $CO_2$，即这个时期内水泥材料碳汇吸收量占工业生产过程中$CO_2$排放量的43%，并针对全球不同区域（美国、欧洲、中国、其他地区）水泥碳汇情况进行了分析比较，我国建筑行业消费了大量的水泥材料，我国水泥的生产占全球水泥生产总量的50%以上，该研究对于认识水泥在全生命周期内的碳排放具有重要意义。

迄今，还没有学者从建筑碳汇的角度，研究城市整体的碳汇空间情况，以科学的碳汇空间布局指导城市规划。

混凝土主要以承重结构构件出现在建筑中，而砂浆作为重要的黏合、抹灰材料，同样在建筑碳汇中具有重要的作用。砂浆是由水、胶凝材料即骨料搅拌混合而成，根据使用位置或其他方面的需求可以掺入一些添加剂，具有黏结及装饰等建筑上的使用功能。

石灰作为一种普遍的建筑材料，在建筑上出现使用时间较长，以抹面砂浆及砌筑砂浆的形式为人们所熟知。抹面砂浆主要用于建筑结构的外部，保护建筑表面不受外界的干扰侵蚀同时具有装饰性的作用，满足设计师的要求，使建筑内外表面达到光滑平整的效果。砌筑砂浆通常在砌体结构中运用，适用于砌块之间的黏结，是砌体结构不可缺少的重要建筑材料之一。石灰浆、石灰膏与水按照一定比例配合能够形成石灰砂浆。石灰砂浆的主要化学成分为氢氧化钙，因此，其碳化原理同混凝土的碳化原理一致：空气中的$CO_2$与石灰砂浆中$Ca(OH)_2$发生碳化反应，吸收$CO_2$，形成$CaCO_3$。砂浆碳汇过程由表及里地逐步进行反应，碳化后的成分依附在建筑外层的表面，形成一层致密的外壳，阻碍碳化的进一步发生[87]（图1-3）。

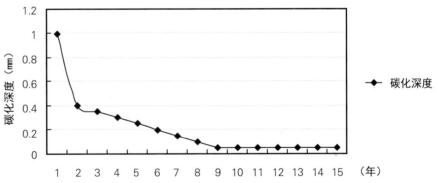

图1-3 15年内每年碳化深度（$k$=1）
（图片来源：文献[87]）

有关砂浆碳化的研究主要集中在通过添加不同矿渣材料对其性能的改变，而缺少砂浆本身碳化情况的研究。其原因在于砂浆碳化并不会影响建筑结构安全与寿命，但由于砂浆具有较大的孔隙度，与混凝土相比碳化速度明显较快[88]。通过实验发现，含水量、渗透性以及$CO_2$环境浓度影响着砂浆的碳化速率[89]，同时发现水灰比越高，碳化速率越快[90]。Ventolà等[91]研究发现，石灰砂浆28天的碳化深度为1mm左右，而水玻璃模数为1.2的碱矿渣水泥砂浆碳化深度为14.8mm[92]。但是如果外部存在表面覆盖层，其碳化的深度就会降低[93]。从建筑工程上看，用于抹灰的砂浆厚度一般在10~30mm，作为黏合剂的黏合砂浆厚度一般在8~20mm，用在装饰材料与维修方面的砂浆厚度一般不超过50mm。因此在计算建筑碳汇时，砂浆同样有着巨大的碳汇潜力，不应忽视。

在建筑中，还有一些耐火材料具有碳汇功能，主要由硅质、硅酸铝质等无机非金属材料组成。以水玻璃为例，也被称为泡花碱，它是一种能够溶解于水的硅酸盐。在建筑材料中，常用的水玻璃为$Na_2O \cdot nSiO_2$，是一种气硬性无机胶凝材料[94]。与混凝土与石灰砂浆的碳汇原理相同，液体形态的水玻璃能够与空气中的$CO_2$发生碳化反应，吸收$CO_2$，并逐渐硬化，其碳化反应如以下化学式所示：

$$Na_2O \cdot nSiO_2 + CO_2 + mH_2O \rightarrow Na_2CO_3 + nSiO_2 + H_2O$$

水玻璃的碳化反应也是由表及里地缓慢发生，因此随着时间的增长，碳化速度越慢，故碳汇量越小。由于水玻璃在建筑中的应用较少，不及混凝土和砂浆的使用量大，其硬化过程很慢，因此水玻璃的$CO_2$吸收量相对较小。由于其碳化过程十分漫长，在这里不做深入研究。

通过以上研究可以发现，目前国内外对草地、树木、土壤等自然条件的碳汇具有较深入的研究，相关学者在碳汇领域开展了大量工作，并取得了一定的成果。综合相关文献，目前的研究主要集中在单一生态系统碳汇理论、机制探讨与碳汇储量核算方面，而对于城市碳汇的研究则相对较少；主要集中在城市植被碳汇研究方面，而从城市复合碳汇系统角度对城市碳汇进行研究的还比较少。

## 1.3.3 城市碳汇与低碳城市规划的研究进展

在气候变化和全球减排的背景下，生态城市与低碳规划建设已经成为当前世界城市发展的主流方向。城市碳汇与城市空间形态的结合探讨成为低碳城市规划的核心手段之一。目前国外对低碳生态城市的研究主要包括土地利用与碳汇用地的关系、低碳城市管理、低碳社区、生态城市、生态社区等方面。对制定生态城市的标准，构建新型的生态城市，发达国家对生态城市建设计划均提出了基本要求和具体措施。

### （1）低碳城市空间的特征

城市的空间结构是城市发展的内在动力，合理的空间结构模式有利于城市可持续发展。目前，比较认同的说法是，城市空间结构指城市要素的空间分布和相互作用的内在机制，是城市发展的内在动力支撑要素。在低碳经济时代，低碳城市空间结构发展模式成为我国低碳城市发展的关键技术之一。在城市规划和建设中，研究合理的空间结构模式，以适应低碳城市的发展是很重要的。如：采用紧凑空间结构模式，以提高土地的混合利用率；发展公交主导的空间结构模式，以降低交通能耗和碳排放量；采用生态主导的空间结构模式，有利于碳的捕捉和脱钩等，是实现"低碳城市"发展目标、保证城市健康和良性发展的前提。因此，二者在系统上具有一定的因果关联性。

吕斌等[95]从城市内部空间紧凑度的量化方面，提出了实现低碳城市的城市空间形态特征，构建以商业、医疗、教育、文化娱乐四种重要服务设施布局为基础的城市空间紧凑度指数，用以评价各城市空间形态的低碳发展模式。杨荣军[96]从低碳城市的空间结构入手，从区域层面、城市层面、社区层面三个层级阐述了城市碳排放空间与城市交通、土地利用、城市建筑景观、就业与居住环境等方面的关系。刘志林、秦波等[97]从都市区层面的城市空间结构和社区层面的土地利用模式两个方面提出低碳城市空间形态的规划策略，完成构建紧凑的城市空间结构，建设公共交通和慢行交通优先的运输体系，并鼓励低能耗高产出的产业结构以及低碳生态的消费方式。周潮、刘科伟等[98]基于低碳城市与空间结构的概念及二者的关联性，在分析相关影响因素的基础上，提出了符合低碳发展理念观的三种城市空间结构模式，即紧凑多中心空间模式、公交主导空间模式以及生态主导空间模式。这些结构模式分别对不同类型城市的发展、减少碳排放量和与碳脱钩等起到了推动作用。

### （2）碳汇与土地利用变化

土地利用变化改变了地球原有的土地覆被格局，影响范围广、强度大，是陆地生态系统碳循环中直接的人为驱动因素之一。土地覆盖类型的变化往往伴随着大量的碳交换，多数的土地利用变化增加了大气中的碳含量，是一个碳排放的过程，其对大气$CO_2$浓度急剧增加的影响仅次于人类燃烧化石燃料，1850—2000年土地利用变化累积碳排放156UtC，约占人为碳排放的33%；2000—2009年土地利用变化年排放（$1.1\pm0.7$）UtC，占人为碳排放的12.5%。近年来，土地利用变化碳排放占人为碳排放的比重有所下降，主要是化石燃料碳排放量上升的结果。另一方面，通过退耕还林还草、合理采伐和耕作、完善管理等保护性措施，可以减少陆地生态系统的碳排放，此时土地利用变化发挥碳汇的作用。

土地利用变化对生态系统的物质循环与能量流动产生较大的影响，改变了生态系统的结构、过程和功能，进而显著影响生态系统各部分的碳分配。土地利用变化对陆地生态系统碳循环的影响取决于生态系统的类型和土地利用变化的方式，既可能成为碳源，也可能成为碳汇。Zak等[99]人认为人类在燃烧化石燃料及将森林与草地开垦为农田等过程中会使得大量有机碳以$CO_2$形式排放到大气中，草地转变为农田会使其生态系统碳储量由116 Mg C·$hm^{-2}$降低为87 Mg C·$hm^{-2}$，1m深度土壤碳储量损失20%~30%，天然湿地转变为草地和农业用地会使$CO_2$净释放量增加5~23倍；Euliss[100]等发现美国北部草原湿地转变为农业用地后使土壤有机碳平均损失101Mg·$hm^{-2}$；郝庆菊等[101]的研究结果显示沼泽开垦为农田会导致$CO_2$排放激增。国内学者的研究集中于碳储量总量与密度的研究，而对于土地利用变化引起的各生态系统的温室气体排放潜力即固碳潜力的研究较少。随着研究的不断深入，模型法成为土地利用变化碳效应研究的主要方法，主流模型有CASA、TEM、IMAUE、IPJMI等[102~104]。遥感数据和技术在陆地生态碳循环方面也取得较大的进展[105~107]，并被应用到土地利用变化对碳排放影响的研究中。

建设用地变化是影响$CO_2$排放量变化的驱动因素之一。而建设用地空间布局的变化是影响碳排放量的主要因素。"碳排"较强的建设用地面积不断扩张，蚕食城市内外的林地、湿地等"碳汇"用地，增加了空气中$CO_2$的含量。优化土地利用结构和空间布局，以此实现城市低碳发展，达到可持续发展的目的。绝大多数城市空间形态扩张时表现为团状的集中发展模式，易形成"大饼"，不断加重城市中心区的交通、环境和资源压力，也将导致城市不必要的能源消耗和温室气体排放的增加。建设用地作为城市土地主要的构成部分，其碳排放量占土地碳排放总量的97.83%以上。不合理的土地利用，会导致土壤储存碳和植被固碳能力减弱，使更多的碳释放到空气中，导致大气$CO_2$浓度增加，从而引起全球环境变化。因此，有必要进一步以城市尺度为界线，深入研究土地利用碳排放空间动态演变格局，为制定差异化碳减排政策提供更加可靠的依据。

### （3）碳汇与城市空间形态耦合

城市空间形态对城市运行及城市各要素具有一定锁定效应，是低碳城市规划的核心手段，低碳城市空间形态已成为低碳城市研究的重要领域[108]。城市规划与空间形态优化被认为是应对气候变化、建设低碳城市、实现可持续发展目标的重要政策手段[109, 110]。因此，研究城市空间形态对于降低碳排放，缓解全球变暖具有重要意义。

目前对我国城市空间形态与碳汇的耦合研究还处于初级阶段，相关理论基础已达到基本水平，但各类方法还需进一步完善。从当下的研究中可以看出，相关研究在理论定性的同时也参考了定量研究，不仅探讨了单一的城市因子，还结合了多要素的复合研究。叶有华等[63]认为要推动高度城市化地区低碳生态城市建设，必须重视城市碳汇资源相关工作的开展，促进碳汇资源持续增加和碳汇品质持续提升。赵亮[111]明确了从碳循环角度对银川平原城镇区时空分布、碳排碳汇变化量的影响，对碳源、碳汇总量的平衡状况及发展趋势进行了探讨。翁许凤[112]对城市景观设计规划的发展引入城市生态学的理论，基于自然生态系统的碳汇基本原理，从自然系统的增汇要素出发，并结合实际案例对其进行应用，探索了在城市景观体系中进行增汇设计的可行性。邢燕燕[113]的研究以西安市为区域背景，利用统计数据和遥感影像数据，以西安市1997—2007年土地利用动态变化特征为基准，分析西安市城市碳增汇特征。结果表明，西安市城市空间分布与城市自然系统碳汇之间存在着一定关系，即碳汇与开发强度呈倒数关系，西安市主城区碳汇随着城市空间逐渐向外扩展而逐渐减少，其空间上有显著的区域差异，呈南高北低中无的特点，并据此提出西安市土地利用及碳增汇的调控对策与碳增汇路径。覃盟琳等[114]以南宁为例，提出了土地规划用地碳源汇的概念，认为城市边缘地区的土地规划碳汇可以以耕地与园地为其主要构成，耕地与园地的使用及保护是土地增汇途径的首要任务。宗芮[115]以西安市域绿地为研究对象,利用美国大地卫星（Landsat）影像，基于CASA模型对不同时期的西安市域绿地进行碳吸存量估算；运用景观指数对市域绿地类型的形态及布局结构进行量化分析，通过对绿地碳吸存量与形态结构的变化规律分析，提出基于碳汇绩效导向下的市域绿地系统空间布局模式，构建基于碳汇绩效分析市域绿地系统布局模式的方法，以达到优化市域绿地系统布局模式的目的。

# 1.4 城市生态系统碳汇研究方法

## 1.4.1 土壤有机碳研究方法

对土壤有机碳储量的估计方法归纳起来主要有如下5种类型：①土壤类型法；②生命带法；③遥感技术估算法；④模型估算法；⑤相关关系估算法。众多估算方法中以Batjes[116]所用的土壤类型法和Post[117]的生命带法具有代表性。

### （1）土壤类型法

土壤类型法实际上是土壤分类学方法，通过土壤剖面数据计算分类单元的土壤有机碳储量，根据各种分类层次聚合土壤剖面数据，再按照区域或国家尺度土壤图上的面积得到土壤有机碳蓄积总量。

Batjes将世界土壤图划分为"0.5经度×0.5纬度"的基本面积单元，每个单元需要土种分布、土壤深度、土壤重度、有机碳及砾石含量等数据，用来计算面积单元的平均碳密度。$j$代表地球表面面积网格单元，$i$代表土层单元，则各个面积单元$j$中的平均有机碳密度$T_{jd}$为：$T_{jd} = \sum_{i=1}^{k} \rho_i P_i D_i (1-S_i)$。其中 $\rho_i$ 为第$i$层土壤重度，$P_i$为第$i$层土壤有机碳平均储量，$D_i$为第$i$层土壤厚度，$S_i$为大于2mm的平均砾石含量。然后，可以推算出全球区域面积的土壤有机碳总量 $M_d = \sum_{j=1}^{k} A_j T_{jd}$。其中$A_j$是网格单元$j$的面积，$T_{jd}$是$j$单元平均有机碳密度，$n$为世界土壤图面积网格单元总数（259200个）。

Betjes的方法需要具备较完整的全球各类土壤理化性质数据，若这项条件能满足，则统计结果相对较为准确可靠。

### （2）生命带法

生命带法是按生命地带土壤有机碳密度与该类型分布面积计算土壤有机碳蓄积量。Post[47]使用了可反映全球各主要生命带的2696个土壤剖面，计算时对于没有实测重度数据的土层，其重度根据土壤有机碳的密度与深度关系来拟合求出：$B_D = b_0 + b_1 D + b_2 \lg C_f$。其中 $B_D$ 为土壤重度，$b_0$，$b_1$，$b_2$为不同植被类型下的已知土壤重度和碳密度所确定的常数，$D$是从土表到土层中心的深度，$C_f$ 为有机碳质量分数。于是单位面积土层的平均碳密度（$C$）为：$C = C_f B_D (1 - \delta_{2mm}) V$。其中$\delta_{2mm}$为直径大于2mm的砾石分数，$V$为土层体积。用碳密度乘以各个生命带所对应的土地面积并累加，可得全球1m深度土壤有机碳总储量。

使用该方法能较为容易地了解不同生命地带类型的土壤有机碳库蓄积总量，而且各类型还可以包含多种土壤类型，分布范围更加广泛，更能反映气候因素及植被分布对土壤有机碳蓄积的影响。在缺乏土壤剖面资料的情况下，推算所得结果仍具有一定意义。

### （3）遥感技术估算法

用地理信息系统软件将一定比例土壤图数字化，建立以土属为单位的空间数据库，然后计算各土壤土属每个土层的有机质质量分数：选取该土属内所有土种的典型土壤剖面，按照土壤发生层分别采集土壤有机质质量分数、土层厚度和重度等数据，计算出每个土层的土壤有机质平均质量分数和土层平均深度及其平均重度等，并建立土壤有机质的属性数据库，利用地理信息系统的空间分析功能计算出各类土壤的有机碳储量。

各类土壤的总碳量的计算公式为：$C_i = 0.58 S_i \sum (H_j Q_j W_j)$。其中 $i$ 为土壤类型，$C_i$ 为第 $i$ 种土壤类型的有机碳储量（t），0.58为碳储量由有机质质量分数乘以Bemmelen换算系数，$S_i$ 为第 $i$ 种土壤类型的面积，$H_j$ 为第 $i$ 种土壤的 $j$ 层的土属平均厚度，$Q_j$ 为第 $i$ 种土壤 $j$ 层的土属平均有机质质量分数，$W_j$ 为第 $i$ 种土壤 $j$ 层的土属平均重度。

遥感技术估算方法可以对土壤图进行较为精确的类型划分，遥感技术的空间分析功能与公式结合可估算出比一般方法更准确的土壤有机碳储量，并可绘制其空间分布特征图。

### （4）模型估算法

国际上已经开发了多种土壤碳循环的模型。模型的类型有相关关系模型和机理过程模型，也有基于实测数据和遥感数据的模型。尽管统计分析是土壤碳库评价中最小化空间变异性的可行方法，但模型却可以将剖面数据外推到相似的土壤和生态区域，解决尺度转换的问题。模型方法的限制性因素是缺乏大量相关和连续观测的数据，使模型的参数化和初始化更加困难。随着实验方法的改善，人们可以通过积累大量土壤碳动力学的信息，改善土壤碳模型，以提高管理土壤有机碳库的能力。

### （5）相关关系估算法

相关关系估算法主要是通过分析土壤有机碳蓄积量与采样点的各种环境变量、气候变量和土壤属性之间的相关关系，建立一定的数学统计关系，从而实现在有限数据基础上计算土壤有机碳蓄积量的目的。这种方法要求建立的相关性较高，可以通过测采样点的一些环境因子来得到土壤有机碳蓄积，具有方便、省力和简单等优点。

建立土壤有机碳含量与降水、温度、土壤厚度、土壤质地、海拔高度和重度之间的相关关系是普遍采用的一种方式。然而它们的相关关系并非普遍适用，在不同的地方主要控制因素是不同的，各种相关性表现不一，因此所确定的统计关系需要得到检验和验证，才能在本区域应用，这是在实际应用中应注意的问题。

## 1.4.2 森林碳汇研究方法

### （1）生物量法

生物量法是以森林生物量数据为基础的碳估算方法。生物量包括在单位面积上全部植物、动物和微生物现存的有机质总量，通常指植物生物量。

传统的森林资源清查方法是较早用来测定森林固碳量的方法。通过大规模的实地调查，取得实测数据，建立一套标准的测量参数和生物量数据库，用样地数据得到植被的平均碳密度，然后用每一种植被的碳密度与面积相乘，估算生态系统的碳量。

生物量法比较直接明确，技术简单。由于一般倾向于选取生长较好的林分作为样地进行测定，因此，以此推算的结果往往导致高估森林植物的固碳量。另外，在森林生物量估算中，往往只注重地上部分，而地下部分的生物量常被忽略。并且，由于调查的困难，即使考虑地下部分，所估测的值也存在很大的不确定性。生物量清查方法一般会忽略土壤微生物对有机碳的分解对森林生态系统碳汇产生的影响。

### （2）蓄积量法

蓄积量法是以森林蓄积量数据为基础的碳估算方法，是根据对森林主要树种抽样实测，计算出森林中主要树种的平均重度，根据森林的总蓄积量求出生物量，再根据生物量与碳量的转换系数求森林的固碳量。

该方法也比较直接、明确、技术简单，但尚有一定缺陷，即可能会忽略森林生态系统内诸多其他要素（如土壤呼吸、非同化器官呼吸、地下生物量增加对总体通量的影响等），统计结果可能会出现较大的误差。

### （3）以生物量与蓄积量关系为基础的生物量清单法

近年来,以建立生物量与蓄积量关系为基础的植物碳储量估算方法已得到广泛应用。采用的方法是将生态学调查资料和森林普查资料结合起来进行。首先计算出各森林生态系统类型乔木层的碳储存密度。然后再根据乔木层生物量与总生物量的比值,估算出各森林类型的单位面积总生物质碳储量。

生物量清单法的优点是直接、明确、技术简单,能够用于长时期、大面积的森林碳储量监测。但其不足是消耗劳动力多,并且只能间歇地记录碳储量,而不能反映出季节和年变化的动态效应。同时,由于各地区研究的层次、时间尺度、空间范围和精细程度不同,样地的设置、估测的方法等各异,使研究结果的可靠性和可比性较差。以外业调查数据资料为基础建立的各种估算模型中,有的还存在一定的问题,而使估测精度较小。

### （4）涡旋相关法

涡旋相关法（Eddy Corelation or EdyCo-variance Method)是采用一种微气象技术,主要是在林冠上方直接测定$CO_2$的涡流传递速率,从而计算出森林生态系统吸收固定$CO_2$量的方法。涡旋相关技术仅仅需要在一个参考高度上对$CO_2$浓度以及风速风向进行监测。大气中物质的垂直交换往往是通过空气的涡旋状流动来进行的,这种涡旋带动空气中的不同物质包括$CO_2$向上或者向下通过某一参考面,二者之差就是所研究的生态系统固定或放出的$CO_2$量。

涡旋相关法能够直接对森林与大气之间的碳通量进行计算。这一方法需要较为精密的仪器,所需仪器主要包括三维声速风速仪、闭路红外线$CO_2/H_2O$分析仪,如Licor6262、数据记录系统、导管系统以及一套分析软件,对每一系统的各组成部分都有较严格的要求。涡旋相关法以其能够直接长期对森林生态系统进行$CO_2$通量测定,同时又能为其他模型的建立和校准提供基础数据而闻名。

### （5）箱式法

箱式法（Enclosures/Chamber Method)的基本思想是,植被的一部分被套装在一个密闭的测定室内。在这个封闭的系统内,$CO_2$浓度随时间的变化就是$CO_2$通量。箱式法是一种对森林生态系统$CO_2$通量的间接估计,其优点在于对组成一个生态系统的各个功能团（叶片、根系等）进行定量的测定,这对于阐述微气象学法直接测定的$CO_2$通量出现的现象有帮助,为理解生态系统的功能并进行调控提供了定量数据。国内应用便携式光合测定系统对某个器官进行测定的较多，而长期连续测定很少。应用箱式法，整个森林生态系统的总的通量就是同化器官的$CO_2$同化速率与非同化器官的$CO_2$释放速率之和。

## 1.4.3 建筑碳汇研究方法

### （1）混凝土的碳化实验法

混凝土碳化涉及复杂的物理化学变化，在检测混凝土碳化程度时，常用实验分析的方法进行验证。常用的混凝土碳化检测实验包括：酚酞指示剂法、热分析法、X射线物相分析法、扫描电镜能谱分析（EDS）法、电子探针显微分析法、红外光谱法、核磁共振法、X射线断层扫描法、化学反应法等[118]。

比较9种测定碳化程度的方法可以发现，酚酞指示剂法能够方便快捷地得到近似的碳化深度，但碳化封面不够明显，得到的是近似深度而非真实深度。热分析法可以评价部分碳化区的碳化程度，然而，在评价的过程中，只能识别$Ca(OH)_2$的碳化，不能判断C-SH的碳化。X射线物相分析法也可以很好地评价碳化程度，但定量分析的精度不高，且对非晶质的鉴别和分析较为困难。扫描电镜能谱分析（EDS）法能够直接观察样品表面的结构，样品制备过程简单，图像的放大范围广，分辨率较高，但在成像方面存在一部分亮度异常，另一部分变暗的情况。电子探针显微分析法可以用彩图表达碳元素的分布情况，对微区碳化状态具有较高的敏感度，但适用尺寸的范围较小，仅在小于5cm的样品中适用。红外光谱法检测碳化深度时，不受样品物理状态的影响，且特征性较高，但对样品质量的要求较高[119]。核磁共振法能够获得多方位图像，对微观结构有很好的表征，但不适用于含有磁金属的样品，气密性成为化学反应方法准确测量的障碍。X射线断层扫描法能够提供样品完整的三维信息，但会出现伪像，样品尺寸要求有限制。化学反应法操作简单、价格便宜，是非常实用的测定方法，但化学装置的气密性极易出现问题，影响了该方法的准确性。在测定的准确性上，热分析法、X射线物相分析法和红外光谱法的准确度比较接近真实值，其结果根据混凝土内部材料的定量分析测定而得。酚酞指示剂法得到的碳化深度结果往往小于上述分析结果，主要是由于部分碳化部分未显色导致的。

### （2）物质流分析法

物质流分析法（MFA）是一种追踪物质从自然界开采后进入特定系统，并流经该系统的各个环节，最终回到自然环境的全过程，以此来分析资源利用状况及其对环境造成的影响研究方法[120, 121]。其基本思想可以追溯到19世纪50年代，此后历经四个发展阶段，MFA逐渐成为定量研究城市资源消耗、环境污染、生态破坏等问题的重要工具[122]。建筑是城市的重要组成，是众多材料汇聚的终端[123]，能够吸收$CO_2$的建筑材料主要为水泥、混凝土与石灰砂浆等。分析各类建筑材料的物质流情况，可以明确各类材料在建筑领域的碳汇情况。在核算水泥碳汇时，分析水泥物质流向，按照水泥使用可以分为水泥砂浆、混凝土水泥、水泥窑灰以及建筑阶段损失水泥四部分。其中混凝土水泥中的79.57%用于建筑中[118]，这部分的核算方法可按照建筑全生命周期来计算。水泥砂浆作为重要的黏合、抹灰材料，同样在建筑中具有重要的作用。有关砂浆碳化研究主要集中在通过添加不同矿渣材料对其性能的改变[124]，而缺少砂浆本身碳化情况的研究。其原因在于砂浆碳化并不会影响建筑结构安全与寿命，但由于砂浆具有较大的孔隙度，与混凝土相比碳化速度明显较快[125]。石灰的物质流分析表明，在石灰的使用过程及废弃处理阶段都具有碳汇功能[118]。其中建筑领域的石灰碳汇主要包括石灰砂浆[126]与石灰稳定土[127]。建筑石灰砂浆一般厚度为20mm[128]，通过实验发现，石灰砂浆28天的碳化深度为1mm左右[91]。20mm厚的水泥砂浆可在5年内完全碳化，25mm厚的在8年可完全碳化[129]，碳汇量可根据参与反应的水泥用量计算。建筑一年内，石灰砂浆碳化深度约为19.1mm[130, 131]。石灰稳定土主要用于建筑基础部分，石灰与土壤按1%~8%的比例混合，经过洒水养护后，可碳化70%~80%[132]。根据用于建筑领域的石灰产量可以核算出建筑石灰材料的碳汇量。

### （3）生命周期评价法

生命周期（LCA）评价是对一个产品系统的生命周期中输入、输出以及潜在环境影响的综合评价，建筑的全生命周期评估（WBLCA）是评价建筑对环境影响的重要工具。虽然在水泥生产过程中，由于石灰石煅烧排放出大量$CO_2$，但水泥混凝土与砂浆在整个生命周期内，也能够通过化学反应吸收空气中的$CO_2$。这部分碳汇量由于计算复杂并未考虑进WBLCA中。这将导致计算结果的不准确进而影响设计师的决策。建筑在生命周期的不同阶段特点不同，在对其进行碳汇估算时，首先要明确建筑固碳发生在全生命周期的哪些阶段，再根据每个阶段的特点，分阶段进行估算。

1）建材生产及运输阶段

混凝土材料在生产过程中是不吸收$CO_2$的，但生产过程中的水泥窑灰是可以吸收$CO_2$的。在水泥窑灰的处理上，一般可以分为填埋和回收利用两类[118]。回收利用的水泥窑灰可以继续形成水泥，填埋部分按照在水泥生产过程中的占比进行计算。由于很难追溯每栋建筑的水泥生产来源，这部分碳汇不计算在城市建筑碳汇中。在国家尺度上，可以通过统计数据进行量化计算。

2）建筑建造阶段

建筑的建设阶段主要指建筑材料运输到建设基地后，现场建造直至竣工的过程。在这个过程中，混凝土与空气接触并吸收$CO_2$。通常建筑施工时间约为几个月至一年不等，不同结构施工工艺存在一定差异，碳汇量是动态变化的过程。在对建筑全生命周期进行碳汇核算时，这部分碳汇量往往忽略不计。

3）建筑运营阶段

建筑在使用期间吸收的$CO_2$主要由组成各结构构件的混凝土和用于抹灰的水泥砂浆组成。其中以针对某一具体建筑，通过建筑实际数据进行碳汇核算的研究较多。研究表明依据菲克第二定律（1-2），通过明确碳化深度与暴露面积，确定不同建筑构件的混凝土碳化体积（1-3），根据建筑构件不同强度下的水泥量、CaO含量、转化率等参数，能够建立混凝土建筑碳汇核算模型[66]。其中将建筑构件分为基础、梁、板、柱、墙、楼梯等。

$$d=k \cdot \sqrt{t} \qquad (1-2)$$

$$V=\sum [(Aslabs \cdot d) + (Awalls \cdot d) + (Afoundations \cdot d) + (Acolumns \cdot d) + \cdots] \quad (1-3)$$

$$C_{absorb}=C \cdot R \cdot \gamma \cdot V \cdot M_\gamma \qquad (1-4)$$

式中，$d$为碳化深度（mm）；$k$为碳化系数（$mm \cdot a^{-1}$）；$t$为碳化时间（a）；$V$为碳化体积（$m^3$）；$C_{absorb}$为$CO_2$吸收量（kg）；$C$为每立方米水泥含量（$kg \cdot m^{-3}$）；$R$为水泥中氧化钙比例，一般为65%；$\gamma$为CaO转化为$CaCO_3$比例，一般为0.75～0.90；$M_\gamma$为碳元素与CaO的摩尔比，为0.214。

4）建筑拆除及回收利用阶段

建筑在拆除阶段，为方便运输混凝土会被打成碎块，其表面暴露面积迅速增加。碳汇量受粒径大小影响，当$1m^3$的混凝土打碎成$1cm^3$碎块时，其表面积将增大1000倍，碳汇量也随之增大。因此，拆除后建筑碎块粒径大小对碳汇量影响较大。其碳化体积可按式（1-4）计算，暴露面积可依据式（1-4）计算[85]。

$$V_0=(4/3) \cdot \pi \cdot (D/2)^3 \qquad (1-5)$$

$$A_{sf}=\pi \cdot H \cdot L \cdot (D-2d)/d_a \qquad (1-6)$$

式1-5中，$V_0$为碳化体积（$mm^3$）；$D$为粒径大小（mm）。式1-6中：$A_{sf}$为碳

化表面积（$mm^2$）；$H$、$L$、$D$ 分别为原始混凝土块的高、长、深（$mm$）；$d$ 为碳化深度（$mm$）；$d_a$ 为混凝土粉碎时的平均直径（$mm$）。研究表明，粒径越小的混凝土碎粒，完全碳化所用时间越短。

此外，还有部分研究者计算了混凝土生产、使用和拆除阶段的碳汇量。核算的信息来源主要为混凝土生产的统计数据，由于混凝土使用的暴露条件与结构尺寸信息，不同地区存在较大差异，没有办法形成统一标准，在碳汇核算时，一般以国家行政区域为核算边界，计算各个区域内建筑总碳汇量。这类算法常应用于计算建筑碳平衡中，对不同国家建筑全生命周期碳平衡比较可以发现，混凝土吸收的 $CO_2$ 占水泥生产过程中的排放 $CO_2$ 的比例约为32.5%～56.7%。

# 1.5 本章小结

本章从基本概念、相关理论、研究进展及研究方法等方面对城市生态系统碳汇进行基本的介绍。

城市生态系统由自然、经济和社会生态三个子系统组成。城市生态系统的碳汇包括自然碳汇系统和人工碳汇系统两部分，其中自然碳汇系统是指城市中的土壤、植被和水系等自然生态要素构成的碳汇系统；人工碳汇系统主要是指城市中的建构筑物等所构成的碳汇系统。相关理论包括碳循环理论与"源—汇"空间格局理论，研究表明：碳在地球系统中通过物理、化学、生物过程及其相互作用的驱动下，以各种不同形态或形式在每个子系统内部及子系统之间进行循环运动；人为活动及不同城市空间形态对碳的"源—汇"具有影响作用。

对碳汇的研究主要以自然生态系统碳汇为主，森林、草原、农田、湿地及土壤均具有碳汇功能；在城市生态系统中，城市绿地为常见的自然碳汇载体，水泥混凝土、砂浆及非金属氧化物为人工碳汇载体，研究停留在材料层面上，没有从建筑、城市空间角度进行碳汇空间布局方面的研究。

在城市生态系统的碳汇研究方法中，土壤的碳汇研究方法包括土壤类型法、生命带法、遥感技术估算法、模型法与相关关系估算法；森林碳汇研究方法包括生物量法、蓄积量法、生物量清单法、涡旋相关法、箱式法等；建筑碳汇研究方法则包括混凝土碳化实验法、物质流分析法及生命周期评价法。

Urban Ecosystems

第 2 章

城市植被
碳汇特征研究

城市绿地在降低城市大气$CO_2$，降低气候变化对城市的影响方面有很重要的作用[57]。城市绿地通过植物的光合作用进行固碳，从而降低城市区域中大气$CO_2$水平。城市绿地碳汇逐渐成为缓解气候变化的一个重要特征[134]。城市绿地碳储量的量化研究可用于评估城市绿地减少大气中$CO_2$的实际和潜在作用。

本章以沈阳城市三环内区域的城市绿地为研究对象，基于样地调查实测数据，结合同期Landsat遥感影像的各波段数据、植被指数的多种遥感数据作为信息源，建立多种模型进行比较分析，选取精度最高的逐步回归模型，建立沈阳城市绿地地上碳储量（Above-Ground Carbon, AGC）遥感估算模型。由于受不同环境条件影响，不同城市绿地植被碳储量有较大差异。即使在同一城区，不同功能区内绿地植被碳储量也相差悬殊[135]。目前对城市绿地碳储量在城市不同用地类型中空间分布的研究较少。本书依据城市绿地的特点，将城市用地划分为10种类型，并引入植被覆盖度，更详细地探讨碳储量在城市中的空间分布变化。本书的研究目的包括：①估算沈阳城市绿地AGC；②揭示城市绿地AGC的空间分布变化；③提出增加城市绿地AGC的设计策略，旨在了解沈阳城市绿地在减缓气候变化中的作用，并为城市的碳管理和低碳规划发展提供参考。

# 2.1 数据来源与研究方法

## 2.1.1 遥感数据与城市用地类型信息提取

本书采用的数据源为2018年8月20日的8波段Landsat OLI影像，轨道号130，行号35，分辨率为30m×30m。应用ENVI对遥感影像进行几何校正、辐射和大气校正等预处理。由于单一的遥感信息或简单的线性关系模型很难准确反映生物量的变化[136]，因此本书计算并提取了多个遥感参数：遥感波段2～波段5的4个单波段光谱反射率值（$B_2$、$B_3$、$B_4$、$B_5$），归一化植被指数（NDVI）、比值植被指数（RVI）、差值植被指数（DVI）、土壤调整植被指数（SAVI）以及修改型土壤调整植被指数（MSAVI）[137]。各植被指数及计算方法见表2-1。

| 植被指数<br>（Vegetation Index） | 计算公式<br>（Calculation Formula） | 参考文献<br>（Reference） |
|---|---|---|
| 归一化植被指数<br>（Normalized Vegetation Index，NDVI） | $NDVI = \dfrac{N_{IR} - R}{N_{IR} + R}$ | [138] |
| 比值植被指数<br>（Ratio Vegetation Index，RVI） | $RVI = \dfrac{N_{IR}}{R}$ | [139] |
| 差值植被指数<br>（Difference Vegetation Index，DVI） | $DVI = N_{IR} - R$ | [140] |
| 土壤调整植被指数<br>（Soil Adjusted Vegetation Index，SAVI） | $SAVI = \dfrac{(N_{IR} - R)(1 + L)}{N_{IR} + R + L}$ | [141] |
| 修改型土壤调整植被指数<br>（Modified Soil Adjusted Vegetation Index，MSAVI） | $MSAVI = \dfrac{2N_{IR} + 1 - \sqrt{2\,(N_{IR} + 1)^2 - 8(N_{IR} - R)}}{2}$ | [142] |

注：表中 $N_{IR}$ 为近红外波段的反射值；$R$ 为红光波段的反射值；$L$ 为土壤调节因子。

　　根据沈阳市城市总体规划（2011—2020）及现场勘察，对遥感影像进行人工解译，得到研究区域用地类型空间矢量数据（图2-1），提取并计算各用地类型的占地面积及在研究区域内所占比例（图2-2）。由于城市绿地所在的用地性质和功能不同，导致了绿地的布局方式、绿地中的植被种类和种植方式不同，人为的管理和养护强度也有很大的差别，这些都会对绿地的碳储量造成很大的影响。因此为了更好

图2-1　研究区域用地类型图

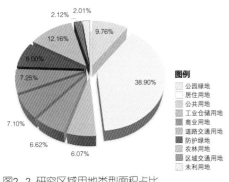

图2-2 研究区域用地类型面积占比

地研究绿地碳储量的空间分布，根据城市用地中绿地的功能、布局、种植方式以及管理等特点，结合我国《城市用地分类与规划建设用地标准》GB 50137—2011，将沈阳的城市用地分为以下11类：公园绿地、居住用地、公共用地、工业仓储用地、商业用地、道路交通用地、防护绿地、农林用地、区域交通用地、未利用地以及水域等。由于水域不涉及绿地，因此不在研究范围内。

## 2.1.2 样地选择及实地调查

在2018年8—9月期间，采用分层抽样法，利用遥感影像和实地调查相结合，根据绿地所在位置的用地类型、植被覆盖程度等因素选择代表性样地，设立了154个样方（图2-3）：公园绿地（$n=36$）；居住用地（$n=18$）；公共用地（$n=18$）；工业仓储用地（$n=8$）；商业用地（$n=4$）；道路交通用地（$n=32$）；防护绿地（$n=4$）；农林用地（$n=14$）；区域交通用地（$n=16$）；未利用地（$n=4$）。样方为30m×30m；宽度不足30m的带状绿地，设立长度为30m，宽度为绿地宽度的样方；长宽均小于30m的绿地，则选取整个地块，并将地块尺寸记录。样方的间隔至少1km。每个

图2-3 研究区域样地位置

样方内进行每木调查，详细记录植株的种类、株数以及生长参数：对乔木，记录每株树木的胸径、冠幅、株高等；对灌木，记录基径、冠幅、株高。

## 2.1.3 样地植物*AGC*计算

154个样方中共出现植物的种类94种：乔木58种，分属26个科，39个属，以杨树、柳树、槐树、榆树和松树为主；灌木36种，分属11个科，25个属，以榆叶梅、丁香、女贞和连翘为主。

乔木和灌木的干生物量利用生物量模型进行估算（乔木：文献[143~147]；灌木：文献[148~151]）。单个树木的生物量模型通常是以树木的胸径或胸径与株高为变量进行构建。在选择树木的生物量模型时，只选用以树木的胸径为变量的模型，以减少测量树高时的不确定性。植物生物量模型通常是针对一个特定地区的，因此在选用生物量模型时，尽量考虑其适用的地域、地理范围。本书在选用时，尽量选择与沈阳市立地条件相近的模型。如果没有相应的模型可参考，则选用同属、同科的其他树种或阔叶树的统一模型代替[152]。表2-2列出了常见的乔木和灌木的主要干生物量方程。沈阳的乔木修剪不常见，忽略不计；灌木的修剪较多，因此对灌木的生物量减少20%[153]。然后，将计算的干生物量乘以0.5的碳转化系数，将生物量转化为碳储量[152-154]，再计算各区域的碳密度。

样地中的草本植物由于碳汇能力相对微弱，在冬季枯萎，还会将大部分碳重新释放到大气和土壤中，所以不计入其碳储量。

乔木和灌木主要干生物量方程      表 2-2

| 种类<br>（Species） | 生物量方程<br>（Biomass Equation） | 参考文献<br>（Regerence） |
|---|---|---|
| 杨树 Poplar<br>（Populus spp.） | $W_L=0.0017DBH^{2.5459}$；$W_S=0.1073DBH^{2.3450}$；<br>$W_B=0.0011DBH^{3.2079}$ | [146] |
| 柳树 Salix<br>（Salixbabylonica L.） | $W_L=0.0047DBH^{2.315}$；$W_B=0.0010DBH^{3.481}$；<br>$W_S=0.1008DBH^{2.443}$ | [147] |
| 榆树 Elm<br>（Ulmus spp.） | $W_L=0.0326DBH^{1.7038}$；$W_S=0.0692DBH^{2.4413}$；<br>$W_B=0.0490DBH^{2.0328}$ | [146] |
| 槐树 Japanese pagoda tree<br>(Sophora japonica Linn.) | $W_L=0.0149DBH^{1.700}$；$W_B=0.0050DBH^{3.055}$；<br>$W_S=0.1370DBH^{2.198}$ | [147] |

| 种类<br>（Species） | 生物量方程<br>（Biomass Equation） | 参考文献<br>（Regerence） |
|---|---|---|
| 油松 Chinese pine<br>(Pinustabulaeformis Carr.) | $W_L=0.0060DBH^{2.475}$；$W_B=0.0139DBH^{2.527}$；<br>$W_S=0.0339DBH^{2.582}$ | [147] |
| 云杉 spruce<br>(Picea spp.) | $W_L=0.0289DBH^{1.9801}$；$W_B=0.0253DBH^{2.1926}$；<br>$W_S=0.0270DBH^{2.7284}$ | [149] |
| 丁香 syringa oblate<br>（Syringa Linn.） | $W_L=0.683（D^2H）^{0.715}$；$W_B=0.876（D^2H）^{0.894}$ | [151] |
| 连翘 Forsythia suspense<br>（Forsythia suspensa） | $W_L=0.187（D^2H）^{0.868}$；$W_B=0.385（D^2H）^{1.025}$ | [151] |
| 小叶女贞 Ligustrumquihoui<br>(Ligust rumquihoui Carr.) | $W_L=14.646C^{1.164}$；$W_B=26.332（CH）^{0.666}$ | [150] |

注：$W_L$、$W_S$、$W_B$ 分别为干、枝、叶生物量；$DBH$ 为胸径（cm）；$C$、$D$ 与 $H$ 分别为灌木的冠幅、基径与株高。

## 2.1.4 植被覆盖度

植被覆盖度是一种基于 $NDVI$ 的反映植被盖度信息的指标，是刻画陆地表面植被数量的一个重要参数,也是指示生态系统变化的重要指标[155]。由于它与植被碳储量及 $NDVI$ 均为正相关，因此植被覆盖度在一定程度上能够反映植被碳储量的变化。由于城市绿地的植被分布并不均匀，碳储量在同一用地类型中或在同一绿地斑块中的分布变化很大。用植被覆盖度对城市各用地类型进行区域划分，能够更详细地描述碳储量在城市中的空间分布变化。植被覆盖度（$VFC$）的计算模型为[156]：

$$VFC=（NDVI-NDVI_{soil}）/(NDVI_{veg}-NDVI_{soil}) \qquad （2-1）$$

式中，$VFC$ 为植被覆盖度；$NDVI$ 为所在点的 $NDVI$ 值；$NDVI_{soil}$ 为完全裸土或无植被覆盖区域的 $NDVI$ 值，本书中 $AGC$ 估算模型采用植被碳储量为0的像元的 $NDVI$ 值（0.059）；$NDVI_{veg}$ 则代表完全被植被覆盖的像元的 $NDVI$ 值，在本书中，取值为研究区域中 $NDVI$ 最大值（0.602）。

参照植被覆盖度等级的划分[156]，并结合研究区实际情况将沈阳城市绿地植被覆盖等间距划分为5类区域：低覆盖度（0~20%）、中低覆盖度（20%~40%）、中覆盖度（40%~60%）、中高覆盖度（60%~80%）、高覆盖度（80%~100%）（图2-4）。各类型覆盖度对应 $NDVI$ 值见表2-3。

图例

☐ 无覆盖　　　▨ 中覆盖
☐ 低覆盖　　　▨ 中高覆盖
▨ 中低覆盖　　■ 高覆盖

0.75 1.5　3　4.5　6 km

图2-4 沈阳植被覆盖度空间分布

研究区域植被覆盖类型及对应*NDVI*值　　表 2-3

|  | 无覆盖（No coverage） | 低覆盖（Low coverage） | 中低覆盖(Low to medium coverage) | 中覆盖(Medium coverage) | 中高覆盖(Medium to high coverage) | 高覆盖(High coverage) |
|---|---|---|---|---|---|---|
| *VFC* | 0 以下 | 0~20% | 20%~40% | 40%~60% | 60%~80% | 80%~100% |
| *NDVI* | 0.059 以下 | 0.059~0.168 | 0.168~0.276 | 0.276~0.385 | 0.385~0.493 | 0.493~（0.602） |

# 2.2 沈阳城市绿地*AGC*估算模型

　　本书选用多个遥感参数：$B_2$、$B_3$、$B_4$、$B_5$、*NDVI*、*RVI*、*DVI*、*SAVI*、*MSAVI*。首先对选定的遥感参数进行相关性分析。通过分析发现，$B_2$、$B_3$、$B_4$与其他参数呈负相关，相关指数为0.26~0.66；$B_5$、*NDVI*、*RVI*、*DVI*、*SAVI*、*MSAVI*等参数之间呈强的正相关，相关指数达到0.89~0.99。由于各植被指数是在不同的方面对植被信息的反映，其中，$NDVI$可用于检测植被生长状态、植被覆盖度等，能反映出植物冠层的背景影响；$RVI$与$LAI$、叶干生物量、叶绿素含量相关性高；$DVI$对植被的土壤背景变化极为敏感；$SAVI$能够修正$NDVI$对土壤背景的敏感；$MSAVI$能够减小$SAVI$中的裸土影响。多个植被指数参与回归分析，建立的模型更有可信度。

将各遥感参数与样点的$AGC$进行相关性分析，$NDVI$、$RVI$、$DVI$、$SAVI$、$MSAVI$与$AGC$的Pearson相关系数绝对值均达到0.5以上，为中度正相关（$P=0.00$）。$B_2$、$B_3$、$B_4$、$B_5$与$AGC$的Pearson相关系数绝对值均小于0.5，为弱相关。选取与$AGC$相关性较高的$NDVI$、$RVI$、$DVI$、$SAVI$、$MSAVI$作为自变量，样地$AGC$为因变量，进行逐步回归分析，建立多元逐步回归模型。另外以$NDVI$为单一自变量，与植被$AGC$建立回归模型，与逐步回归模型进行对比（表2-4）。

将154个实测样方数据分为两部分，其中102个样点数据作为模型建立的数据集，余下52个样点数据作为验证模型的数据集，并在遥感影像中检查两个数据集，以确保每个数据集中的样方位置均匀分布在研究区域中，使样方数据具有代表性。

回归模型与参数　　　　　　　　　　　　　表 2-4

| 类型 | 回归模型 | 方程 | $R^2$ | 调整$R^2$ | $F$ | $Sig.$ |
|---|---|---|---|---|---|---|
| I | 逐步回归模型（Stepwise Regression Model） | $Y=-118.280-804.227X_1+115.531X_2+320.405X_5$ | 0.838 | 0.832 | 155.109 | 0.00 |
| | 线性模型（Linear Model） | $Y=-3.34+29.25X$ | 0.512 | 0.506 | 96.440 | 0.00 |
| | 二次曲线模型（Second-Order Polynomial Model） | $Y=3.3880-55.6272X+193.0505X^2$ | 0.748 | 0.743 | 135.239 | 0.00 |
| | 三次曲线模型（Cubic Curve Model） | $Y=-3.1732+79.4531X-493.2059X^2+985.8131X^3$ | 0.828 | 0.822 | 114.423 | 0.00 |
| | 复合模型（Composite Model） | $Y=0.030 \times 4092264.358^X$ | 0.827 | 0.825 | 438.569 | 0.00 |
| II | 幂（次方）模型（Power Index Model） | $Y=59.610X^{2.477}$ | 0.806 | 0.804 | 382.516 | 0.00 |
| | S 模型（S-Model） | $Y=e^{1.173-0.182/X}$ | 0.528 | 0.523 | 102.961 | 0.00 |
| | 成长模型（Growth Model） | $Y=e^{-3.493+15.225X}$ | 0.827 | 0.825 | 438.569 | 0.00 |
| | 指数模型（Exponential Model） | $Y=0.030\,e^{15.225X}$ | 0.827 | 0.825 | 438.569 | 0.00 |
| | Logistic 模型（Logistic Model） | $Y=1/[0+32.8731 \times (2.4436 \times 10^{-7})^X]$ | 0.827 | 0.825 | 438.569 | 0.00 |

其中：$Y$为城市绿地$AGC$（t）；逐步回归模型中$X_1$为$NDVI$值，$X_2$为$RVI$值，$X_5$为$MSAVI$值；其他模型中，$X$为$NDVI$值。

在回归模型中，以多元逐步回归模型的判定系数（$R^2$）最高，达到了0.838；一元线性模型最低，为0.512（表2-4）。因此选定多元逐步回归模型为沈阳城市绿地$AGC$估算模型。

$$Y=-118.280-804.227X_1+115.531X_2+320.405X_5 \qquad (2-2)$$

式中，$Y$为城市绿地$AGC$（t）；$X_1$为$NDVI$值；$X_2$为$RVI$值；$X_5$为$MSAVI$值。

## 2.3 沈阳城市绿地$AGC$总量估算

结合沈阳城市绿地$AGC$估算模型和沈阳市三环范围的遥感影像解译结果，计算得到沈阳城市绿地的$AGC$总量为1.437 Tg，平均碳密度为31.73 t·hm$^{-2}$（表2-5），并获得沈阳城市三环范围绿地$AGC$空间分布图（图2-5）。研究区域中$AGC$分布普

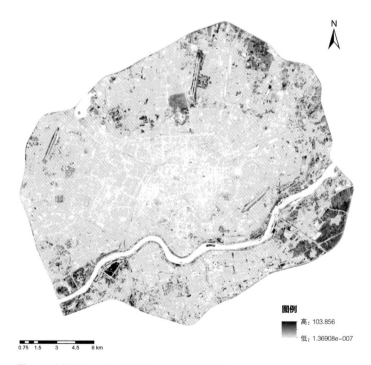

图2-5 沈阳城市三环范围绿地$AGC$空间分布图

遍偏低，大部分区域为低碳储量分布，在一、二环区域出现大量的碳储量空白区域（即无覆盖区域）。$AGC$高值主要分布于城市公园、浑河两侧沿河绿带以及城市东部靠近三环路的区域。城市东部的$AGC$高于西部。

在整个研究区域中，低覆盖面积占比最高，达到36.68%，其次是中低覆盖、中覆盖、无覆盖、中高覆盖区域，高覆盖所占面积最小，占比只达到了0.14%。而$AGC$在不同覆盖度区域中分布差别显著（表2-5），其中，中高覆盖和中覆盖区域的$AGC$占比最高，分别达到50.90%和28.33%；低覆盖和中低覆盖区域的$AGC$相近，分别为$1.34 \times 10^5$ t（9.31%）和$1.36 \times 10^5$ t（9.47%）；而高覆盖区域尽管碳密度最高，为455.20 t·$hm^{-2}$，但由于面积很小，其地上碳储量只占总$AGC$的2.00%。

沈阳各覆盖度下城市绿地$AGC$及碳密度　　　　表2-5

| 覆盖类型 | 面积（$hm^2$） | 面积百分比（%） | $AGC$（$\times 10^3$ t） | $AGC$百分比（%） | 碳密度（t·$hm^{-2}$） |
|---|---|---|---|---|---|
| 无覆盖 | 6360.66 | 14.04 | — | — | — |
| 低覆盖 | 16616.88 | 36.68 | 133.82 | 9.31 | 8.05 |
| 中低覆盖 | 10986.84 | 24.25 | 136.07 | 9.47 | 12.39 |
| 中覆盖 | 7186.05 | 15.86 | 407.13 | 28.33 | 56.66 |
| 中高覆盖 | 4091.58 | 9.03 | 731.59 | 50.90 | 178.80 |
| 高覆盖 | 63.09 | 0.14 | 28.72 | 2.00 | 455.20 |
| 合计 | 45305.10 | — | 1437.33 | — | 31.73 |

对城市区域整体和各个区域绿地碳储量进行分析和计算，得出沈阳市三环内不同区域的绿地$AGC$和碳密度（表2-6）。

城市不同区域绿地$AGC$和碳密度　　　　表2-6

| 区域 | 占地面积（$hm^2$） | 植被覆盖面积（$hm^2$） | $AGC$（$\times 10^3$t） | 碳密度（t·$hm^{-2}$） |
|---|---|---|---|---|
| 一环 | 4947.39 | 3291.57 | 359.72 | 10.92 |
| 二环 | 9214.11 | 7829.91 | 1474.60 | 18.83 |
| 三环 | 31143.6 | 27822.96 | 12928.60 | 46.47 |

从三个区域来看，一环、二环及三环的$AGC$分别占总量的2.44%、9.99%、87.57%；一环、二环和三环的碳密度分别为10.92 t·$hm^{-2}$、18.83 t·$hm^{-2}$和46.47 t·$hm^{-2}$，三环的

碳密度远远高于其他两个区域。碳密度高、碳储量大的区域多出现在三环区域内。$AGC$的空间分布是从城市外围的三环区域向城市中心区递减变化的。

本书估算的沈阳城市绿地$AGC$为1.437 Tg，比沈阳城市森林碳储量（0.270 Tg[136]）高出4倍。这表明城市森林之外的城市绿地存在更多碳储量，对整个城市绿地进行碳储量研究能够更全面地评价城市碳汇能力。本书中沈阳城市绿地的碳密度（31.73 t·hm$^{-2}$）低于沈阳城市森林的碳密度（33.22 t·hm$^{-2}$）[136]，这表明以乔木为主体的城市森林碳汇能力高于城市绿地。

沈阳城市绿地碳密度远低于东北地区森林生态系统的碳密度水平（54.47~94.25 t·hm$^{-2}$）[157]。这表明城市绿地碳汇能力低于自然生态绿地。尽管城市中较高的气温（城市热岛效应）、高$CO_2$浓度[158]以及人类更密集的园林管理措施[159, 160]使得城市绿地中的乔木具有比郊区和野外更高的生长率。但在样地调研中发现，沈阳城市绿地中的乔木胸径主要分布在5~30cm径级，大多处于幼龄阶段，这表明城市更新改造过程中城市绿地更替速率快。自然生态绿地中乔木多处于成年期，碳汇能力相对较高。城市绿地的观赏与使用功能使得乔木的种植密度处于一个较低的水平，这些都导致城市绿地较低的碳汇水平。

与其他城市相比较，沈阳城市绿地碳密度高于杭州[161]（24.20 t·hm$^{-2}$, Zhao, 2010）、英国城市莱斯特[162]（31.6 t·hm$^{-2}$, Davies, 2011）和我国广州[163]（23.05 t·hm$^{-2}$, 周健等, 2013），但低于北京[164]（34.96 t·hm$^{-2}$, Yang, 2005），也低于美国城市平均碳密度[152]（61.52 t·hm$^{-2}$, Nowak, 2013），这种碳密度的差异可能是由于城市绿地中植被的组成和结构不同导致的。沈阳城市绿地以速生树种为主，这种速生树种由于较快的生长率产生较多的碳储量，从而使得沈阳城市绿地碳密度比一些城市要高。另一方面，沈阳城市绿地中大树比我国北京和美国城市中的要少，而树木的年龄或树木的大小影响碳储存[162]（Davies, 2011），导致碳密度低于我国北京和美国的城市。

沈阳城市绿地$AGC$在研究的三个环路区域内分布不均匀。中、中高和高覆盖区域多出现在公园绿地或靠近三环路的区域，其面积总和只占研究区域的25.51%，而碳储量达到总碳储量的81.22%。尤其是中高覆盖区域，9.27%区域中的碳储量达到总碳储量的50.90%。这也使得三环的碳密度远远高于其他两个区域，这表明城市区域建设时间越久，建筑密度越大，碳储量就越低。一环、二环区域由于城市化发展比较充分，土地开发强度较高，地面多被建筑物以及硬质地面所覆盖，导致存在较多的无覆盖区域，绿地面积小，植被种植稀少，只有在公园等植被覆盖密度较高的区域才能出现碳储量较高的部分。而三环区域部分，城市开发建设时间较短，开发强度较低，使得较多原始绿地未因开发而被破坏，另外农林用地全部分布在三环区域内，其高碳储量也使得三环$AGC$处于一个较高的水平。

## 2.4 不同用地类型绿地$AGC$空间布局

利用沈阳城市绿地$AGC$估算模型对沈阳城市中各用地类型的$AGC$进行计算，得出各用地类型中城市绿地$AGC$和碳密度（图2-6）。不同用地类型的$AGC$和碳密度差异性均显著（$P$值均为0.00），但二者的分布趋势有所差别。

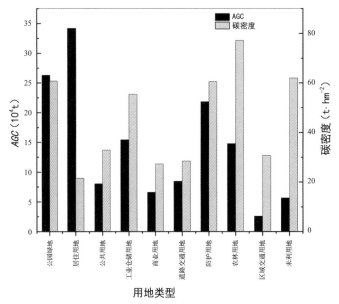

图2-6 沈阳各用地类型中城市绿地$AGC$和碳密度

在所有的用地类型中，居住用地（$3.42 \times 10^4$ t）、公园绿地（$26.28 \times 10^4$ t）和防护绿地（$21.83 \times 10^4$ t）中的$AGC$是最高的，分别占城市绿地总$AGC$的23.15%、17.80%和14.79%；其次是工业仓储用地（$15.42 \times 10^4$ t，10.44%）和农林用地（$14.75 \times 10^4$ t，9.99%）；而公共用地（5.43%）、商业用地（4.46%）、道路交通用地（5.71%）、区域交通用地（1.74%）和未利用地（3.83%）均未超过$10^4$ t。

碳密度的变化趋势则为：农林用地>未利用地>防护绿地>公园绿地>工业仓储用地>公共用地>区域交通用地>道路交通用地>商业用地>居住用地。其中居住用地的AGC和碳密度排序变化最大：其AGC最大，而碳密度是用地类型中最低的，只有21.54 t·hm$^{-2}$，这主要是由于居住用地的植被覆盖面积最大（占总面积的40.74%）导致的。

各用地类型中的植被覆盖情况差别很大，居住用地、公共用地、工业用地、商业用地、道路交通用地和区域交通用地的无覆盖和低覆盖区域的面积占比为13.13%~15.82%和30.69%~48.33%，均高于公园绿地、防护绿地、农林用地和未利用地的2.29%~5.65%和20.85%~24.30%（图2-7）；居住用地、公共用地、工业用地、商业用地、道路交通用地和区域交通用地的中覆盖和中高覆盖区域面积占比均低于其他用地；各用地类型的中低覆盖区域面积占比比较相近，分布于18.67%~28.49%。其中居住用地的无覆盖和低覆盖区域占比最大，中覆盖区域占比最小。

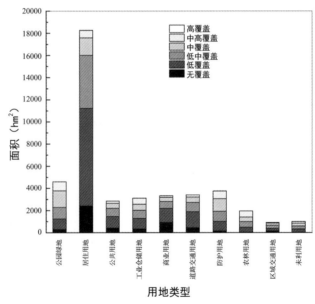

图2-7 各用地类型中各覆盖区域面积

不同覆盖等级的区域具有不同的碳密度（表2-5），因此各用地类型的植被覆盖度分布很大程度影响绿地AGC的分布情况。中覆盖和中高覆盖区域的碳储量为各用地类型AGC主要分布区域，低覆盖和中低覆盖区域碳储量占比较少，高覆盖区域碳储量的占比最低。其中，中覆盖和中高覆盖区域AGC在公园绿地、工业仓储用地、防护绿地、农林用地的占比最高，为87.29%~91.26%；在公共用地、商业用地、道路交通用地及区域交通用地占比较低，为72.81%~76.73%；居住用地的占比最低，为59.8%。低覆盖和中低覆盖区域碳储量在各用地类型中的分布情况则相反（图2-8）。

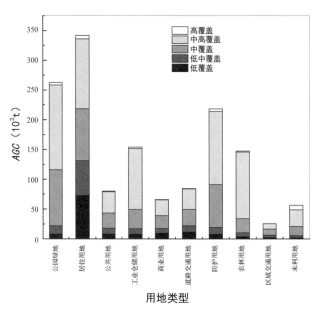

图2-8 各用地类型中各覆盖度AGC占比

公园绿地、防护绿地、农林用地和未利用地等用地类型覆盖度普遍比较高，各用地中的AGC均主要分布在中覆盖和中高覆盖区域，低覆盖和中低覆盖区域的AGC占比均在10%以下；相应的，碳密度水平也比较高。居住用地、公共用地、工业用地、商业用地、道路交通用地及区域交通用地中的绿地植被覆盖度偏低，低覆盖和中低覆盖区域碳储量占比均达到20%以上，碳密度水平也很低。

公园绿地、防护绿地、农林用地和未利用地等用地类型的绿地碳汇能力较强，主要是由于这几种城市绿地近似于自然林，植被群落密度高、层次丰富，从而覆盖度普遍比较高。其中未利用地碳密度较高，未利用地是农用地和建设用地以外的还未进行开发利用的土地，未利用地上保留着原始植被，并且没有人为的修剪和管理等干扰，因此保持了较高的碳密度，仅次于农林用地。而居住用地、公共用地、工业用地、商业用地、道路交通用地及区域交通用地中的绿地均为附属绿地，这类绿地大多是依托建筑存在，植物种植模式受建筑、硬质地面以及人为观赏和使用等因素的影响，种植密度较低，导致了其植被覆盖度偏低，即使有比较密集的园林管理措施，其碳汇能力也相对较弱。需要说明的是，在附属绿地中工业用地的碳密度值远高于其他4种用地，碳汇能力比较接近公园绿地。2002年左右开始，沈阳市工业用地从中心城区向三环区域迁移。可能在迁移建设的过程中，保留了三环区域的原始植被，从而获得较高的AGC和碳密度值。

居住用地的低覆盖和中低覆盖区域碳储量占比达到38.44%，远高于其他用地类型，导致它的平均碳密度明显低于其他各用地类型，其碳汇能力是各用地类型中最弱的。由于居住用地的面积较其他用地最大，占研究区域的42.29%（图2-6），因此提升居住用地的碳汇能力是提升整个城市碳汇能力的主要措施。

# 2.5 沈阳城市绿地净初级生产力

植被净初级生产力（Net Primary Productivity，NPP）是指植被所固定的有机碳中扣除本身呼吸消耗的部分。NPP反映了植物固定和转化光合产物的效率[165]，也称净第一生产力。

本书采用朱文泉（2007）[166]改进的CASA模型对沈阳市2018年的NPP进行估算。CASA模型是由遥感、气象、植被以及土壤类型数据等共同驱动的光能利用率模型。

## 2.5.1 数据来源及研究方法

### （1）遥感数据
MODIS Normalized Difference Vegetation Index（NDVI）时间序列遥感数据来源于美国地质调查局（United States Geological Survey，USGS）（http://glovis.usgs.gov/），空间分辨率为1km×1km，时间分辨率为月，时间序列为2018年1—12月。

### （2）气象数据
气象数据包括太阳辐射、气温和降水，来源于中国气象科学数据共享服务平台（http://cdc.cma.gov.cn/），时间序列为2018年1—12月。研究区共覆盖60个气象站点。

## （3）其他数据

研究区域1∶1000000植被类型图
如图2-9所示。

## （4）NPP估算

NPP主要由植被吸收的光和有效
辐射（Absorbed Photosynthetically
Active Radiation，APAR）和实际光
能利用率（ε）两个变量确定计算公式
如下：

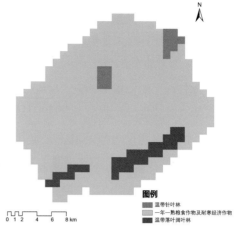

图2-9 研究区域1:1000000植被类型图
（资料来源：资源环境数据云平台www.resdc.cn）

$$NPP=APAR \times \varepsilon \qquad (2-3)$$

植被吸收的光和有效辐射（APAR）取决于太阳总辐射和植被自身的特征[167]。
计算公式如下：

$$APAR=SOL \times FPAR \times 0.5 \qquad (2-4)$$

式中，SOL（Solar Radiation）代表太阳总辐射（MJ·m$^{-2}$·month$^{-1}$）；FPAR
（Fraction of Photosynthetically Active Radiation）为植被冠层吸收光合有效辐射的
比例，常数0.5表示植被所能利用的太阳辐射占太阳总辐射的比例。

FPAR与NDVI存在较好的线性关系[168]，FPAR可由式（2-5）计算：

$$FPAR = \frac{(NDVI - NDVI_{min})}{(NDVI_{max} - NDVI_{min})} \times (FPAR_{max} - FPAR_{min}) + FPAR_{min} \qquad (2-5)$$

式中，$NDVI_{max}$、$NDVI_{min}$代表不同植被类型归一化植被指数的最大值和最小值；
$FPAR_{max}$和$FPAR_{min}$分别为0.95和0.001。

光能利用率(ε)是指植被把吸收的光合有效辐射(APAR)转为有机碳的效率，它
取决于温度和水分条件。计算公式如下：

$$\varepsilon = T_1 \times T_2 \times W \times \varepsilon_{max} \qquad (2-6)$$

式中，$\varepsilon_{max}$表示在无任何胁迫的理想状态下植被的最大光能利用效率（g
C·MJ$^{-1}$），月最大光能利用率随植被的种类不同取值也不一致；本研究中的$\varepsilon_{max}$取
值参照朱文泉等（2006）[167]（表2-7）。$T_1$、$T_2$为温度对光能转化率的影响因子；W

为湿度影响因子，反映了植被所能利用的有效水分条件对光能转化率的影响。

植被类型及其最大光能利用率[167]　　　　　　　表2-7

| 植被类型 | 最大光能利用率 $\varepsilon_{max}$（$g C \cdot MJ^{-1}$） |
|---|---|
| 常绿、落叶阔叶混交林 | 1.259 |
| 常绿阔叶林 | 0.608 |
| 草地 | 0.604 |
| 落叶阔叶林 | 1.004 |
| 常绿针叶林 | 1.008 |
| 栽培植被 | 0.604 |
| 灌丛 | 0.774 |
| 其他 | 0.604 |

## 2.5.2 *NPP*时间变化特征

2002—2018年研究区域植被*NPP*平均密度值位于355.86～409.28 g C·$m^{-2}$·$a^{-1}$，但总体呈现波动下降趋势（图2-10）。2002年和2006年的*NPP*平均密度值较高，分别为409.28 g C·$m^{-2}$·$a^{-1}$和392.44 g C·$m^{-2}$·$a^{-1}$，高于多年平均值7.85%和3.41%；2010年和2018年的*NPP*平均密度值较低，分别为355.86 g C·$m^{-2}$·$a^{-1}$和362.64 g C·$m^{-2}$·$a^{-1}$，低于多年平均7.23%和4.45%。*NPP*年总值变化趋势与平均密度值相同（图2-11），呈现波动下降趋势。2002年最高，为63.19 t C；2010年最低，为53.85 t C。

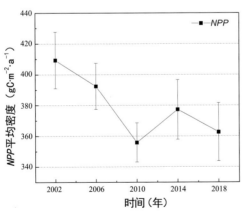

图2-10 研究区域2002—2018年*NPP*平均密度

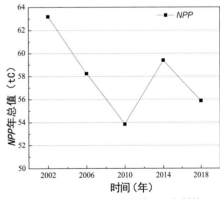

图2-11 研究区域2002—2018年*NPP*年总值

注：a 为单位年

植被NPP在一年中的变化差异明显（图2-12～图2-14）。5—9月NPP密度值较高，其中6月份达到全年最大，为58.54 g C·m$^{-2}$，NPP总值占全年的15.52%；7月的NPP密度值低于6月和8月，在6月和8月之间形成一个低谷。1、2月以及11、12

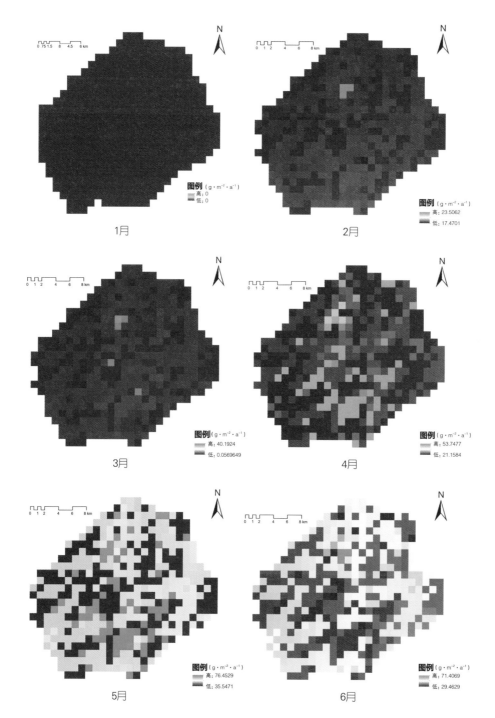

图2-12 研究区域内2018年12个月的NPP空间分布图

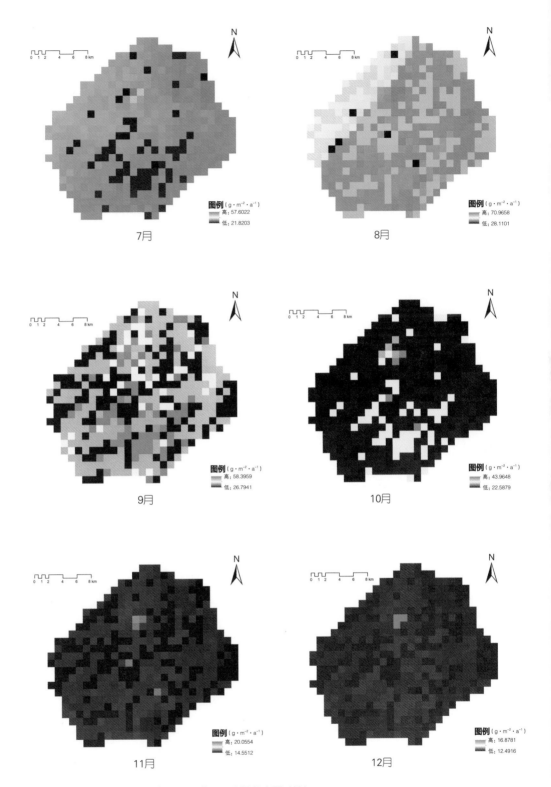

图2-12 研究区域内2018年12个月的*NPP*空间分布图（续）

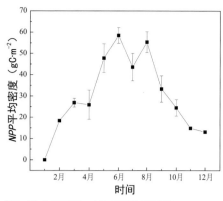

图2-13 2018年1—12月平均NPP变化

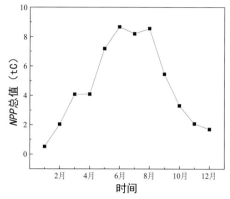

图2-14 2018年1—12月NPP总值变化

月为全年最小值，均低于20g C·m$^{-2}$；其中1月NPP值最低，为0。

2002—2018年间研究区域植被NPP平均密度总体呈现下降趋势，年均减少2.91 g C·m$^{-2}$·a$^{-1}$，NPP总值年均减少457.25kg（图2-15、表2-8）。NPP平均密度呈现减少趋势的区域占研究区域总面积的98.91%，其中严重减少和中度减少的比例分别为44.88%和46.84%。严重减少的地区主要分布在三环北部区域；NPP呈现增加趋势的区域只占研究区域总面积的1.09%，零星分布于研究区域内。

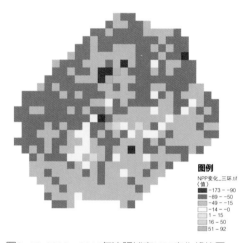

图例
NPP变化_三环.tif
（值）
- -173 - -90
- -89 - -50
- -49 - -15
- -14 - -0
- 1 - 15
- 16 - 50
- 51 - 92

图2-15 2002—2018年沈阳城市NPP变化趋势图

由于植被的NPP与气象环境具有密切相关性，因此NPP的减少表明城市中的气象要素对植被生长产生了不利影响。

沈阳城市三环内年均NPP变化的统计　　　　表 2-8

| 变化趋势（g C·m$^{-2}$·a$^{-1}$） | 变化级别 | 面积比例（%） |
| --- | --- | --- |
| <-90 | 极严重减少 | 1.53 |
| -90~-50 | 严重减少 | 44.88 |
| -50~-15 | 中度减少 | 46.84 |

| 变化趋势（gC·m⁻²·a⁻¹） | 变化级别 | 面积比例（%） |
|---|---|---|
| −15~0 | 轻度减少 | 5.66 |
| 0~15 | 轻度增加 | 0.65 |
| 15~50 | 中度增加 | 0.00 |
| 大于 50 | 明显增加 | 0.44 |

### 2.5.3 NPP空间分布特征

2002—2018年沈阳市三环内植被NPP年均密度值为362.64g C·m⁻²·a⁻¹，NPP年均总值为58.11t C。NPP的高值和低值分布会随着时间的推移而有一定的变化。一般的，NPP最高值出现在研究区域北部的北陵公园；最低值出现在城市的中部区域。2002年，NPP高值主要集中在三环区域，一、二环区域及城市西南角普遍较低；2010年，城市的西北部NPP普遍高于东南部；2014年，西南角的NPP低值比较集中；2018年NPP低值中心出现在西北角（图2-16）。

不同植被类型的NPP平均密度值差异较小。温带针叶林对应的NPP平均密度值最高，为376.07g C·m⁻²·a⁻¹；其次是温带阔叶落叶林，为367.65g C·m⁻²·a⁻¹；栽培作物的NPP平均密度值最低，为361.41g C·m⁻²·a⁻¹。

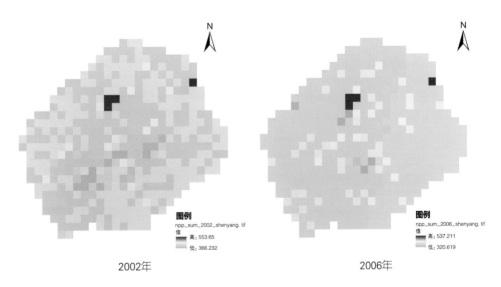

图2-16 2002—2018年沈阳城市NPP空间分布

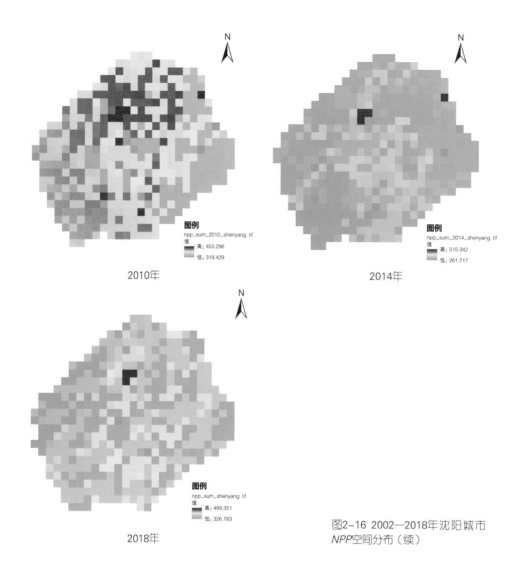

2010年

2014年

2018年

图2-16 2002—2018年沈阳城市
NPP空间分布（续）

# 2.6 本章小结

本章利用样地实测调查与遥感技术相结合的方法，建立了沈阳城市绿地AGC估算模型，估算了沈阳三环内城市建成区的绿地AGC储量，分析其空间分布特点。研究结果表明：

（1）沈阳城市绿地AGC总量为1.437 Tg，碳密度为31.73 t·hm⁻²；其空间分布呈现城市东部高于城市西部，从三环区域向城市中心递减的趋势；沈阳市各土地利用类型中绿地*AGC*和碳密度差异显著，*AGC*分布趋势为：居住用地>公园绿地>防护绿地>工业仓储用地>农林用地>公共用地>道路交通用地>商业用地>未利用地>区域交通用地；碳密度的变化趋势则为：农林用地>未利用地>防护绿地>公园绿地>工业仓储用地>公共用地>区域交通用地>道路交通用地>商业用地>居住用地。

（2）利用CASA模型计算了2002—2018年间沈阳城市绿地*NPP*。沈阳城市绿地*NPP*年均密度值为362.64 g C·m$^{-2}$·a$^{-1}$，*NPP*年均总值为58.11t C，并呈现波动下降趋势。*NPP*在一年中的变化差异明显，6月份*NPP*最大，为58.54g C·m$^{-2}$；1月*NPP*值最低，为0。*NPP*在城市的空间分布上，最高值和最低值分别出现在城市北部的北陵公园和中心城区，低值区域随着时间的推移而产生一定的变化。

Urban Ecosystems

第 3 章

城市土壤
碳汇特征研究

城市覆盖不到地球表面的1%，却有世界上超过50%的人口居住在城市和城镇[169]，而且世界城市面积以每年476000hm²的速度在增长[170]。到2030年，城市土地面积将增加到$1.2 \times 10^6 km^2$，这将是2000年以来全球城市土地面积的3倍。未来城市面积增加对全球环境的影响将更加显著[171~173]。

城市绿地土壤是城市绿色生态系统的重要组成部分，而有机碳则是土壤质量的核心[174]。土壤有机质含量及其质量是土壤维持生物生产力、维持环境质量、促进动植物健康的关键因素[175, 176]。自然土地向城市土地的转换导致土壤性质的变化、土壤结构的崩溃和生态类型的转变，这可能导致土壤碳储量的增加或减少[177]，从而对其上的生物群落、水和空气质量产生影响[178]。全球城市化扩张使得我们对城市化对土壤碳汇的影响的认识变得日益重要[171]。

目前的研究主要集中于对城市化前、后时期土地利用性质改变所引起的有机碳储量变化，而对于城市绿地土壤有机碳储量（Soil Organic Carbon, SOC）在城市发展过程中的发展演变与空间分布研究较少。本书通过对中国老工业城市沈阳的城市SOC储量的研究，评价快速城市化对SOC储量的影响，其目的在于：①揭示沈阳城市SOC储量的分布特点；②评价不同土地利用方式对SOC储量的影响；③测算城市SOC储量，以增进我们对城市生态系统的了解。

# 3.1 数据来源与研究方法

## 3.1.1 样品采集

土壤取样时间为2017年4月。采样区以沈阳核心（沈阳故宫）为中心，延伸至城市三环路，总面积约为455km²。本研究使用进行空间分层抽样设计，设置了79个样地（图3-1）。采样点使用约3km×3km的方形网格建立，采样点位于网格中心。在沿东西向、南北向、东南方向和西南方向以1.5km间隔增设采样点。每块样地中，在半径500m范围内，随机指定1~5个30m×30m不同土地利用的绿地地块。土壤取样点选取林下位置。在去除土壤表面的凋落物等有机覆盖后，从每个地块的3个

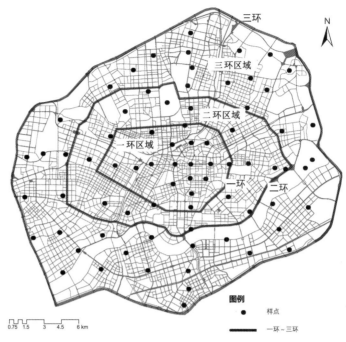

图3-1 研究区域及样地位置

地点收集土壤芯（直径3.3cm）；将每个地块3个重复土壤芯的顶部20cm部分混合，获得每个地块的单一样品，共获得269个土壤样品。另外，采用环刀法收集3个土壤样品，以分析土壤的重度和pH值。

根据城市化水平（一环、二环和三环区域）和土地利用类型，将所有样地划分为组。一环区域是指一环路内城市用地，是沈阳市较早发展的城市用地；二环区域是指一环路与二环路之间的城市用地；三环区域则是包括二环与三环之间发展相对较少的城市用地。土壤的土地利用类别根据《城市绿地分类标准》CJJ/T 85—2017和土壤实际情况分为以下7组：居住用地（$n=43$）；商业用地（$n=27$）；公园用地（$n=80$）；道路与交通用地（$n=55$）；公共管理与服务设施用地（简称公共用地）（$n=41$）；工业仓储用地（$n=12$）；其他用地（$n=11$）。

根据沈阳市历届城市总体规划（图3-2）与实际建设情况，以10年跨度为单位，将土壤样本按照所取样地形成年代划分为1970年代及以前、1980年代、1990年代、2000年代及2010年代5组。

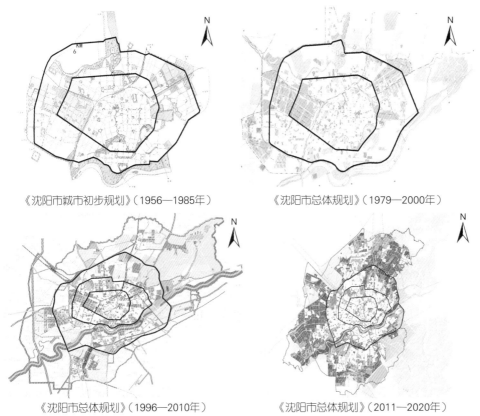

《沈阳市城市初步规划》（1956—1985年）    《沈阳市总体规划》（1979—2000年）

《沈阳市总体规划》（1996—2010年）    《沈阳市总体规划》（2011—2020年）

图3-2 沈阳市历届城市总体规划
（图片来源：沈阳市规划设计研究院）

## 3.1.2 样品实验分析

对土壤样品进行空气干燥与过筛，分析其化学性质：①土壤样品采用重铬酸钾氧化—分光光度法测定分析SOC浓度值[179]；②将土壤样品置于蒸馏水中，使用Delta 320型pH计[Mettler–Toledo仪器（中国，上海）有限公司]测定蒸馏水中土壤pH值，土壤—溶液比为1:2.5（体积比）[180]；③土壤样品在105℃下干燥至恒定质量并称重，以干重法测定土壤重度和土壤含水量[181]。土壤样本的有机碳密度计算公式如下：

$$C_d = C_f B_d D(1-\delta_{2mm})/100 \qquad (3-1)$$

式中，$C_d$为SOC密度；$C_f$为SOC含量；$B_d$为土壤重度；$D$为土层厚度（即20cm）；$\delta_{2mm}$为土壤中大于2mm的砾石所占的体积百分比（%）。

### 3.1.3 数据分析

所有统计分析使用PASW统计22版本进行。采用单因素方差分析法（ANONA），比较不同城市区域及不同土地利用类型之间土壤碳储量的差异。利用相关分析和回归分析分别检验土壤碳与城市中心距离的关系以及SOC与土壤重度的关系。除另有说明外，统计学意义为$P < 0.05$。

# 3.2 土壤有机碳在沈阳市的空间分布

对数据进行整理和分析，得到表3-1。由表可见，整个研究区域的绿地土壤表层（0~20cm）碳浓度平均值为24.82g·kg$^{-1}$，碳密度值为3.98 kg·m$^{-2}$。

一环、二环和三环及整个研究区域的SOC含量及密度变化比较大。SOC浓度的变异系数（$CV$）从一环区域的49.55%，二环区域的50.14%，到三环区域的68.43%；SOC密度则是分别是41.83%、45.35%和50.88%。与此相反，土壤pH值和重度的$CV$值相对较低，且无统计学差异。

绿地SOC浓度和密度是呈现从一环区域到二环区域和三环区域逐渐下降的趋势。一环区域的SOC浓度最高，分别比二环区域和三环区域高出13%和29%；而二环区域比三环区域高出14%。一环区域的0~20cm SOC密度分别比二环区域与三环区域高出19%和35%；而二环区域比三环区域高出13%，三环区域最低，为3.78 kg·m$^{-2}$。土壤有机碳在沈阳市中有以下空间分布特点：

### （1）城市绿地SOC储量与郊区及农村土壤相比，具有一定的富集性

研究区域的绿地土壤表层（0~20cm）碳浓度和碳密度值均高于沈阳郊区SOC平均值（18.609 g·kg$^{-1}$）[182]和沈阳耕地土壤（2.68kg·m$^{-2}$，0~20cm碳密度）[183]。城市绿地SOC储量高于城市周边的郊区与乡村，具有一定的富集性。国外的研究证实了城市地区SOC浓度和密度较高，如美国纽约[170]、科罗拉多Front Range[184]和Phoenix City[185]，英国莱斯特[186]，日本东京[187]，中国上海[188]和中国北京[189]的结果基本一致。由此可见，在城市发展过程中，城市绿地SOC储量是从城市向周边逐渐递减的[190~193]。城市化对SOC积累的影响是很大的，这种影响包括

直接影响和间接影响。直接影响包括物理干扰、掩埋、填埋材料和不透水表面对土壤的覆盖以及土壤管理投入(例如施肥和灌溉);间接影响包括区域在城市化过程中的非生物和生物环境的变化[194~196]。

研究区域内一环、二环和三环区域土壤有机碳含量、pH值及土壤重度

表3-1

| | 一环区域 | | | | 二环区域 | | | | 三环区域 | | | | 区域总值 | |
|---|---|---|---|---|---|---|---|---|---|---|---|---|---|---|
| | Min | Max | Mean (SE) | CV (%) | Min | Max | Mean (SE) | CV (%) | Min | Max | Mean (SE) | CV (%) | Mean (SE) | CV (%) |
| SOC ($g \cdot kg^{-1}$) | 10.04 | 60.43 | 30.54 (3.30) | 49.55 | 2.84 | 62.98 | 26.92 (1.97) | 50.14 | 1.61 | 119.66 | 23.64 (1.19) | 68.43 | 24.82 (0.99) | 63.31 |
| $SOC_{d0-20cm}$ ($kg \cdot m^{-2}$) | 1.68 | 9.39 | 5.12 (0.35) | 41.83 | 0.53 | 9.10 | 4.29 (0.28) | 45.35 | 0.38 | 10.59 | 3.78 (0.14) | 50.88 | 3.98 (0.12) | 49.47 |
| pH | 7.31 | 8.69 | 8.01 (0.01) | 2.04 | 7.31 | 8.44 | 8.01 (0.01) | 2.27 | 7.35 | 8.97 | 8.11 (0.01) | 2.50 | 8.02 (0.01) | 2.35 |
| Bulk density ($g \cdot cm^{-3}$) | 0.93 | 1.32 | 1.107 (0.02) | 8.51 | 0.92 | 1.54 | 1.110 (0.02) | 13.53 | 0.55 | 1.71 | 1.158 (0.02) | 18.59 | 1.14 (0.01) | 17.23 |

注: SOC 为土壤有机碳浓度; $SOC_{d0-20cm}$ 为 0 ~ 20cm 土壤有机碳密度; Mean(SE) 为平均值(标准误差)。

### (2)城市SOC储量分布不均匀,具有镶嵌性

整个研究区域及各部分的SOC浓度和SOC密度的CV值均达到40%以上。这表明,城市绿地中的SOC储量在空间上变化很大,可以描述为"城市土壤镶嵌"[196, 197],这有可能是因城市中人为干扰(城市开发建设)、外来植物、园艺管理(如施肥、灌溉、修剪)和城市环境因素(如城市热岛、大气中升高的碳含量)而有所不同,尤其是城市中土地所有权地块面积越来越小,因此人为管理和扰动变化更大,使得土壤SOC储量可以在同一土壤类型或同一斑块范围内发生很大的变化[198]。

### (3)城市SOC储量分布随着与城市核心距离的增大而递减

土壤的有机碳浓度和有机碳密度是呈现从一环区域到二环区域和三环区域逐渐下降的趋势,这种趋势表明SOC储量分布从城市核心向城市边缘降低。

采用相关分析法分析SOC密度与离城市核心距离的相关性。二者具有显著相关性($p<0.01$),pearson相关系数为-0.242,即二者为弱的负相关性。SOC密度与城市中心距离的回归方程为$Y=0.16X+5.2$(图3-3),而SOC判定系数($R^2$)太低,

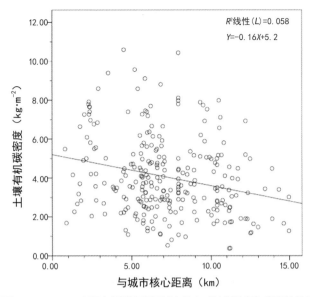

图3-3 0～20cm土壤有机碳密度与城市核心（沈阳故宫）距离的关系

仅为0.058，没有统计学意义。

这表明，沈阳SOC浓度和密度是以城市核心为圆心，逐级向外扩散着递减，这可能是由于中心城区是最早发展起来的，建设与开发程度进入稳定状态，土壤有更多的时间恢复微生物活性，因而有更多的有机碳积累。而在城市化地区，土地利用的剧烈变化一方面导致SOC的分解，另一方面引起土壤压实的物理扰动，影响了SOC的积累[170]。

这种递减趋势与Pouyat等人（2002）在美国纽约进行的城乡梯度横断面研究是一致的，Pouyat等人（2002）发现SOC浓度与密度可以沿城乡环境梯度呈现递减趋势，但有机碳密度和浓度与距离回归时没有统计学显著性（$p=$ 0.07和0.06）[170]。

# 3.3 不同土地利用性质下的沈阳市土壤有机碳分布特点

土壤性质可以在城市不同土地利用之间发生变化[199, 200]。SOC的增加或减少会受到城市土地利用和城市环境变化的影响[170, 201]。

研究区域内不同土地利用类型的SOC浓度和碳密度具有显著差异。对于整个研究区域来说，工业用地中的SOC密度最高，达到4.99kg·m$^{-2}$；然后是公共用地、公园、其他绿地用地、商业用地、交通用地；最小的为居住用地，为2.91kg·m$^{-2}$。这种差异可能是由于不同土地利用类型中土壤有机碳的影响因素不同所造成的，如土壤的来源和有机污染物的影响。工业用地中SOC密度高，可能是由于工业用地中大量使用固体或液体燃料，产生的包括黑炭（BC，是一种化石燃料燃烧不完全所产生的产物，对SOC储量影响很大）和石油烃化合物、多环芳烃（汽油燃烧产物）等污染物进入土壤中，导致SOC富集[202, 203]。公园用地的生态环境趋于自然绿地，有利于SOC储存，储存量也比较大。公共用地SOC储量较高，应该归功于较高水平的人工养护。商业用地中的SOC可能较多地受到有机污染物（如食物垃圾、污水沉积物和塑料）的影响[202]。道路与交通用地绿地人工养护管理较少，仅高于居住用地。而居住用地的碳储量最低，可能是由于居住用地样本中存在相当多的老旧居住小区，没有人为管理和养护，导致SOC储量降低。

三个区域中相同的土地利用类型相比较，公园绿地、道路与交通用地的SOC密度变化具有相同的趋势，均为一环区域>二环区域>三环区域，而一环区域的居住用地和公园的碳密度要远高于二环区域、三环区域同类用地。这符合前面所讨论的随着与城市核心距离越远，SOC储量越小的结论。而机构用地、居住用地以及商业用地SOC密度变化呈不同趋势，其中机构用地为三环区域>二环区域>一环区域，居住用地以及商业用地则呈现一环区域>三环区域>二环区域。这可能是由于这三种用地的人为干扰所致。

由此可见，土地利用对SOC含量具有重要影响作用，不同土地利用类型的SOC在整个研究区域存在显著差异；而在同种土地利用类型中，所处区域不同，SOC差异变化也比较显著（图3-4）。造成这种差异变化可能有以下两个原因：①绿色植物种植方式，即乔灌草的种植组合方式不同，对SOC的含量造成一定的影响；②对土壤的人为管理方式不同所产生的差

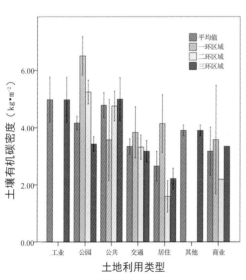

图3-4 一环、二环和三环三个区域土地利用类型的SOC密度（0~20cm）

异。在不同的城市，由于人为管理方式的差异，即使是相同的土地利用模式，SOC含量也是不同的。Luo等人（2014）对北京城市土壤研究时发现，北京地区街边绿地土壤具有最高的SOC密度，而公园是最低的[189]。加拿大魁北克省蒙特利尔城市土壤研究中发现居住区SOC含量略高于商业区[204]。

## 3.4 不同建成时间的影响下沈阳市土壤有机碳分布特点

　　城市3个区域样地SOC密度由于不同建成年代也存在显著差异（图3-5）。20世纪80年代开始形成的土壤，其SOC值最高，达到5.48kg·m$^{-2}$，分别比1990、2000年代和2010年代形成的土壤多42%、45%和72%。1990年代与2000年代的SOC密度值几乎相等。1970年代及以前的SOC密度仅低于1980年代土壤，为4.64kg·m$^{-2}$。

　　3个区域土壤中，二环区域与三环区域的SOC密度均呈现随着建成时间的增加而增加的趋势（图3-5），其中二环区域的土壤在1970年代及以前的碳密度达到最高，为5.29kg·m$^{-2}$，分别比1980年代及1990年代高出8%和71%。三环区域1990年代的SOC密度值只略高于2000年代，2010年代的土壤碳密度值最低，只有3.18kg·m$^{-2}$。而中心城区SOC密度变化与其他两个区域不同，表现为1980年代>1990年代>1970年代。1980年代最高，为5.89kg·m$^{-2}$，分别高出1970年代及以前和1990年代50%和40%。

　　这表明，沈阳城市绿地土壤形成时间越早SOC储存量越大，这可能是由于受发展干扰的较老城市土壤比年轻土壤能够积累更多的碳。这一结果与Xu等人（2011）对北京城市土壤的研究结果[25]相一致。S.J. Park在对美国俄亥俄州北部3

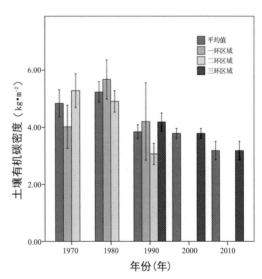

图3-5 研究区域不同建设年代土壤平均有机碳密度（SE）（0～20cm深度）

工业　公园　公共　交通　居住　其他　商业

个城市的土壤研究中认为年龄因素对土壤有机质库有正向影响，城市老城区（50年以上）土壤碳氮含量均高于新建区（10年以下）[205]。另外有研究表明，城市SOC浓度在建成后迅速增长，在其后的几十年间由快转慢，最后趋于平衡[206~208]。沈阳地区1970年代城市SOC密度低于1980年代的城市土壤，可能由于研究区域内40~50年以上土壤中有机碳积累趋于平缓阶段，增长较小或不再增长所致。

# 3.5 沈阳城市土壤碳储量垂直分布

在××大学内选取3个样点，采集1m深度的未受干扰土样。将每个土样分为10份，10cm深取一份，用重铬酸钾氧化—分光光度法测定分析SOC浓度值。

除了样点3的0~10cm、10~20cm外，SOC密度垂直分布呈现从地面向下逐渐减小的趋势（图3-6）。根据碳密度的垂直分布表现，可以将1m深的土壤分为三个部分：①表层（0~20cm）；②中层（20~70cm）；③底层（70~100cm）。其中，样点1、样点2的表层有机碳密度最高，分别为22.21kg·m$^{-3}$和19.91 kg·m$^{-3}$；中层SOC密度分别为17.72 kg·m$^{-3}$和14.22 kg·m$^{-3}$；底层为11.17 kg·m$^{-3}$和9.29 kg·m$^{-3}$。样点1、样点2的表层、中层和底层的SOC碳密度平均值具有差异显著性（$p$值分别为0.001和0.013）。沈阳城市的土壤在垂直方向的变化为随着土层的增加而降低，这与自然森林及人工林下土壤有机碳变化相一致[209~211]。

样点3中层与底层的SOC也呈现随着深度逐渐减小的趋势，但表层的SOC密度较小，与底层SOC密度水平相当。这可能是由于样点3的乔木种植密度较小，地面草本植被覆盖较少，导致土壤表层的SOC密度水平较低。

从图中可以看到，SOC密度从地面向下递减呈现不规律变化趋势，这不同于自然土壤的平缓递减规律[212]。其中样点1中20~30cm的碳密度远小于10~20cm和30~40cm；样点2中10~20cm小于20~30cm，30~40cm小于40~50cm；样点3中50~60cm小于60~70cm。这种变化特点是由于受人类活动扰动，城市土壤被多次翻动，导致下部土层的有机碳含量变化不均匀。更有研究表明，德国斯图加特市人为扰动大的居民区和公园深层土壤中含有较多的有机碳[213]；罗斯托克市浅层土壤（10~27cm）有机碳含量为3.0g·kg$^{-1}$，远低于深层土壤（50~75cm）中的114.9g·kg$^{-1}$[214]；我国城市绿地土壤也有类似的发现[215]。

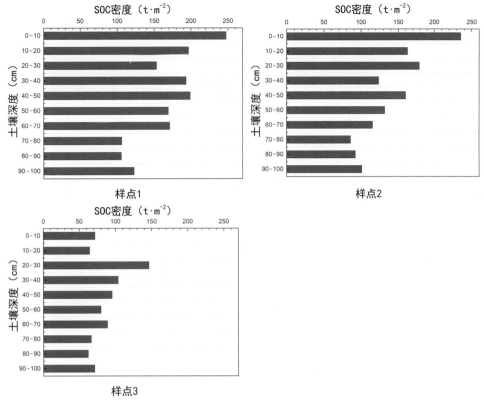

图3-6 ××大学3个样点SOC密度垂直分布图

# 3.6 沈阳城市绿地SOC储量空间分布

在ArcGIS10.3环境下对2018年沈阳市Quickbird高分影像（分辨率2m×2m）进行人工目视解译，获得研究区域绿地的土地利用类型图及相应土地利用类型面积数据。各土地利用类型土壤SOC储量由以下公式求得：

$$C_j = C_{dj} S_j \qquad (3-2)$$

式中，$j$为土壤的土地利用类型；$C_j$为第$j$种土壤类型的碳储量（t）；$C_{dj}$为第$j$种土地利用类型的SOC密度（kg·m$^{-2}$）；$S_j$为第$j$种土地利用类型的土壤分布面积（m$^2$）。

沈阳研究区域内城市表层土壤（0~20cm）有机碳储量为6.438×10$^5$t。其中，居住用地和其他用地SOC储量占比最大，分别达到30.39%和37.97%；而工业用地、机构用地和商业用地的绿地土壤面积很小，SOC储量只占总SOC储量的

5.16%、3.89%和2.17%（表3-2）。

　　应用ArcGIS10.3软件，在研究区域绿地的土地利用类型图，将样点SOC密度值应用经验贝叶斯克里金插值法(EBK)[185]对研究区域SOC分布进行计算，获得研究区域SOC储量空间分布图（图3-7）。经验贝叶斯克里金插值法（EBK）是一种地统计插值方法，可自动执行构建有效克里金模型过程中的那些较为困难的步骤。预测标准误差比其他克里金方法更准确。

研究区域绿地土地利用类型及SOC储量　　　　　　　　表 3-2

| 用地类型 | 面积（hm²） | SOC 碳密度（$C_{d\,0\sim20cm}$）（kg·m⁻²） | SOC 储量估算值（t） | 所占百分比（%） |
|---|---|---|---|---|
| 工业用地 | 666.30 | 4.99 | 3324.84 | 5.16 |
| 公园用地 | 1463.32 | 4.41 | 64532.41 | 10.03 |
| 机构用地 | 526.40 | 4.75 | 25004.00 | 3.89 |
| 道路与交通用地 | 1990.87 | 3.36 | 66893.23 | 10.39 |
| 居住用地 | 6724.40 | 2.91 | 195680.04 | 30.39 |
| 商业用地 | 413.75 | 3.38 | 13984.75 | 2.17 |
| 其他用地 | 6252.38 | 3.91 | 244468.06 | 37.97 |
| 总计 | 18037.42 | — | 643810.86 | 100 |

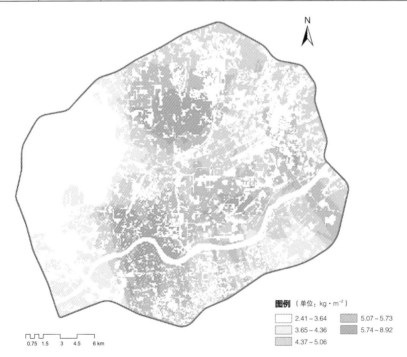

图3-7 研究区域SOC储量空间分布图

# 3.7 本章小结

本章以沈阳城市绿地土壤为研究对象，在沈阳市三环内区域的绿地设立样方，取样269份，分析了土壤的有机碳含量，探讨沈阳城市SOC含量的空间分布特点。研究结果表明：

（1）沈阳城市SOC储量高于沈阳市周边的郊区和农村土壤；SOC分布具有较高的空间变异性，SOC浓度和碳密度具有较大的变异范围和变化系数；SOC浓度和密度随着与城市核心距离的增加而呈现递减趋势，但无统计学意义。

（2）不同土地利用类型中，SOC密度的表现差异很大，工业用地SOC密度最高，居住用地最低，人类活动对城市SOC的影响较大。

（3）城市SOC储量随时间推移而不断累积，年代越早SOC密度越高，土壤年龄因素对土壤有机质库有正向影响。

（4）沈阳城市SOC密度垂直分布呈现从地面向下逐渐减小的趋势，这种向下递减呈现不规律变化趋势。这种变化特点是由于受人类活动扰动，城市土壤被多次翻动，导致下部土层的有机碳含量变化不均匀。

（5）沈阳城市三环内0~20cm深度SOC储量为$6.438 \times 10^5$t，并应用经验贝叶斯克里金插值法（EBK）获得研究区域SOC储量空间分布图。

Urban Ecosystems

第 4 章

城市水系
碳汇能力研究

按照《国际湿地公约》定义，湿地系指不论其为天然或人工、长久或暂时之沼泽地、湿原、泥炭地或水域地带，带有静止或流动、或为淡水、半咸水或咸水水体者，包括低潮时水深不超过6m的水域。湿地是地球上水陆相互作用形成的独特的生态系统，兼有水陆生态系统的属性，与森林、海洋一起并称为全球三大生态系统[216, 217]。湿地是地球上具有多种独特功能的生态系统，它不仅为人类提供大量食物、原料和水资源，而且在维持生态平衡、保持生物多样性和珍稀物种资源以及涵养水源、蓄洪防旱、降解污染、调节气候、补充地下水、控制土壤侵蚀等方面均起到重要作用。城市水系属于一种广义湿地。

目前对湿地的研究主要集中在对自然生态系统中湿地的研究，而对于城市中的水系湿地研究较少。本章主要对研究区域内城市水系的碳汇能力进行研究：①测算沈阳城市水系中水体及河底沉积物碳储量及其空间分布特点；②分析城市水系碳汇的影响因子。研究区域内的水系主要包括环城运河、丁香湖以及浑河位于三环内的部分。

# 4.1 数据来源与研究方法

## 4.1.1 城市水系碳储量测算方法

城市水系碳储量包括水体中有机碳储量（Total Organic Carbon，TOC）、水生植物碳储量以及河底沉积物碳储量三个部分。在调研过程中发现，研究区域范围内水体中的水生植物较少，大多为水藻类，能够与水体一起进行检测，因此对水生植物不单独进行测算。

$$T_{水系} = T_{水体} + T_{沉积物} \tag{4-1}$$

$$T_{水体} = C_{TOC} \times V_{水体} \tag{4-2}$$

$$T_{沉积物} = C_d \times V_{沉积物} \tag{4-3}$$

式中，$T_{水系}$为水系总碳储量（t）；$T_{水体}$为水体碳储量（t）；$T_{沉积物}$为河底沉积物碳储量（t）；$C_{TOC}$为水体碳浓度（mg·L$^{-1}$）；$V_{水体}$为水体体积（L）；$C_d$为河底沉积物有机碳密度（t·m$^{-3}$）；$V_{沉积物}$为河底沉积物体积（m$^3$）。

本书对河底沉积物表层的碳储量进行测算，厚度取20cm[218]；浑河水深取全年水深平均值，为1.79m[219]。根据沈阳市城建档案馆提供的资料，环城运河水深取值为1.5m，丁香湖水深取值为2.5m。

## 4.1.2 水样的采集及有机碳测定

首先应用Landsat遥感影像确定预计的水体采样区域，然后对采样区域进行实地考察，最终确定最后的采样区域（图4-1）。在每个区域内采用随机3点采样法进行取样，将3个点采集到的水样混合为一个样品，储存于聚乙烯瓶中，置于低于4℃的条件下保存，并在24h之内测定。一共有40个样点，其中浑河12个样点，南运河7个样点，新开河14个样点，卫工河4个样点，丁香湖3个样点。

采用Shimadzu TOC-VCPH总有机碳分析仪对水样的有机碳含量进行测定。

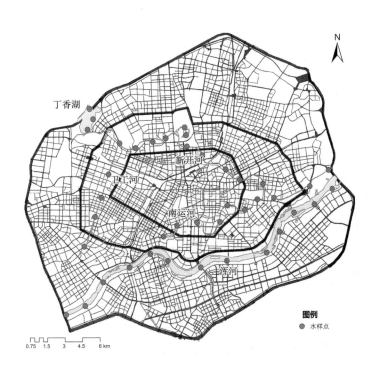

图4-1 研究区域水系及水样样点位置

### 4.1.3 河底沉积物样本采集及有机碳测定

以河边水位线以下位置的土壤样本代替河底沉积物，一共有样本126份（图4-2）。浑河北岸为每公里取样3个点，共取63个样本，南岸为每公里取样1个点，共取22个样本；环城运河为每公里取样1个点，南运河有14个样本，新开河有12个样本，卫工河有7个样本；丁香湖沿岸每公里取样1个点，共取8个样本。

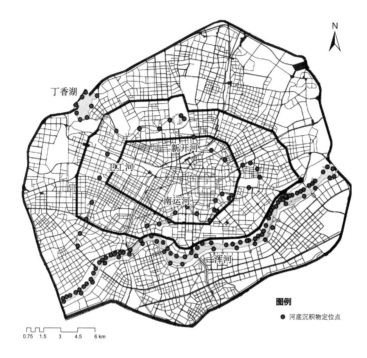

图4-2 河底沉积物样点位置

样本的取样方法和测定方法参见3.2.1和3.2.2，测出沉积物样本的碳浓度值、pH值及重度和含水量。

## 4.2 水体碳汇

水体中的TOC包括水中所有有机物质的含碳量。水体中的碳主要有4种赋存形式，即颗粒性有机碳（Particulate Organic Carbon，POC）、溶解性有机碳（Dissolved Organic Carbon，DOC）、颗粒性无机碳（Particulate Inorganic Carbon，PIC）和溶解性无机碳（Dissolved Inorganic Carbon，DIC）。DOC和POC是水体有机碳的2种基本赋存形式，水体中POC约占总有机碳通量的50%[220]，是有机质在水体中运输的主要载体；水体中的DOC则促进了水体中微生物的繁殖[221]。水体中溶解性有机碳被定义为可以通过0.45 μm微膜的所有有机碳，可以溶解在水中，也可以吸附在土壤或颗粒物上[222]，是水体中最大的有机碳储库[223]，与大气中的碳储量相当。

## 4.2.1 水体总有机碳浓度

将实验后获得的研究区域水系有机碳数据进行整理和分析，得到表4-1。研究区域内的水体有机碳浓度平均值为6.51 mg·L⁻¹。

研究区域内水体有机碳浓度　　　　　　　　　　表4-1

| | 水体有机碳浓度（mg·L⁻¹） | | | |
|---|---|---|---|---|
| | Min | Max | 平均值 | $CV$（%） |
| 浑河 | 1.0 | 1.6 | 5.54 | 76.36 |
| 南运河 | 6.1 | 9.3 | 8.75 | 17.11 |
| 新开河 | 4.2 | 26.7 | 7.82 | 71.59 |
| 卫工河 | 3.4 | 10.4 | 4.33 | 51.85 |
| 丁香湖 | 1.1 | 7.2 | 6.88 | 67.65 |
| 总计 | 1.0 | 26.7 | 6.51 | 66.97 |

由表4-1可以看出，研究区域内水系各部分的TOC浓度各不相同，其中南运河的碳浓度最大，为8.75mg·L⁻¹；而卫工河的最小，为4.33 mg·L⁻¹。通过单因素方差分析法（ANONA）分析发现，水系各部分的水体TOC浓度没有统计学差异（$p$=0.325）。

水系各部分的碳浓度变化比较大。碳浓度的变异系数（$CV$）均达到50%以上，只有南运河碳浓度的$CV$值为17.11%。

将水样按照城市区域位置进行分组比较，发现三组数据在0.1水平上差别显著（$p$=0.090），其中一环水体碳浓度为7.9 mg·L⁻¹，二环为7.7 mg·L⁻¹，三环为4.7 mg·L⁻¹。一环与二环差别不显著（$p$=0.56），而三环分别与一环和二环差别显著（$p$

值分别为0.014和0.046）。

将浑河、丁香湖的水体样本为一组，环城运河（南运河、新开河及卫工河）的水体样本为一组，两组进行比较，发现两组水样的碳含量差别显著（$p=0.028$）。

## 4.2.2 水体有机碳含量估算及空间分布

将测得的样本的水体碳浓度与研究区域遥感影像相结合，应用经验贝叶斯克里金插值法得到研究区域水体碳储量空间分布图（图4-3），并计算得出研究区域内的水体碳储量为172.80t。其中浑河部分的碳储量最高为120.86t，占水体碳储量的63.25%，是丁香湖的5.08倍，是南运河的60.45倍，是新开河的6.99倍，是卫工河的13.79倍（表4-2）。

由图4-3可以看出，有机碳在水体中的分布并不均匀，具有空间异质性。浑河部分在南阳桥附近区域的碳储量最高，其次是在长安桥与东塔桥

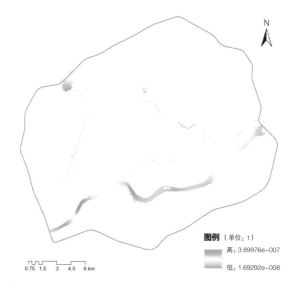

图例（单位：t）
高：3.89976e-007
低：1.69292e-008

图4-3 研究区域水体碳储量空间分布图

之间的部分，其他部分碳储量均较低；丁香湖北部水体碳储量明显高于南部；南运河则是青年公园—万泉公园地段的水体碳储量较高；新开河则在沈海立交桥及北陵公园部分碳储量较高；卫工河水体碳储量均较低。

研究区域内水体有机碳含量　　　　　　　　　　　表4-2

|  | 水体碳浓度（mg·L$^{-1}$） | 碳储量（t） | 百分比（%） |
| --- | --- | --- | --- |
| 浑河 | 5.54 | 120.86 | 63.25 |
| 南运河 | 7.68 | 20.35 | 10.65 |
| 新开河 | 8.82 | 17.29 | 9.05 |
| 卫工河 | 5.41 | 8.77 | 4.59 |

|  | | 水体碳浓度（mg·L⁻¹) | 碳储量（t) | 百分比（%） |
|---|---|---|---|---|
| · | 丁香湖 | 6.88 | 23.82 | 12.47 |
|  | 总计 | 6.51 | 191.09 | 100 |

## 4.2.3 影响因素分析

河流水体有机碳的主要来源包括内源和外源两个部分，土壤有机质的侵蚀、陆生植物残体以及人类生产、生活活动排放的有机物等是外源有机碳的主要来源；而内源有机碳主要源于河流中植物叶绿体经光合作用所产生的颗粒物、POC降解、细菌及其分泌物等[224]。

藻类和水生生物释放的有机碳约占其初级生产力的12%~75%，其浓度通常与浮游生物量呈正相关[225]；水温、叶绿素a浓度、细菌的降解作用、光化学氧化作用以及颗粒态有机物的沉淀均会引起有机碳浓度的变化[226, 227]。

研究区域中的水体均处于城市环境，水生植物较少，主要以水中的藻类为主，因此水中的有机碳含量虽然能够达到水体碳含量的平均值（全球河流DOC平均含量为5~6mg·L⁻¹[228]，河流POC平均含量为1~5mg·L⁻¹[229]），却比一些自然生态系统中的水体碳含量要低[230~233]，尤其是浑河的碳浓度平均值只有5.54mg·L⁻¹。

降水量、气温及水文过程的变化也都会引起有机碳含量的变化[228]。如降水带来的大量粗颗粒矿物对悬浮物有机碳的稀释是造成夏季水体POC含量较低的主要原因。

有研究表明，河流水体中的有机碳在春夏季节高于秋冬季节，其中以夏季碳浓度最高[231~234]。

陆源输入也是水体有机碳不可忽视的一个来源[235]。陆地植物和土壤有机质分解是水体有机碳的重要来源[236~238]。同时，人类活动排放的污水也会增加水体中有机碳的含量[238]。河流在流经城镇、工业区等过程中会有大量含溶解有机物的人类生活污水和工业废水汇入，使得水体中的DOC浓度大幅度升高[239]。土地利用方式的改变及人为干扰程度都能够对河流水体POC的含量产生较大影响[240]。

位于一、二环区域的环城运河的碳浓度明显高于位于三环区域的浑河、丁香湖的碳浓度，显现出与土壤碳浓度变化相同的趋势（距离城市中心越远，土壤碳浓度越低）。一方面可能是由于向河内排放污水所导致的。截至2013年，每天约25万t的污水排向环城运河，其中大多是生活污水；目前已建有多个污水处理厂对排入水体中的污水进行处理，如苏家屯区东谟堡村沈阳南部污水处理厂能够对排放到浑河里的污水进行处理，达到景观用水标准，这使得浑河的碳浓度低于环城运河碳浓度，为5.54mg·L$^{-1}$。丁香湖与环城运河相连，但污水排放较少，碳浓度也低于环城运河，为6.68mg·L$^{-1}$。环城运河由于城市地下排水管线建设的历史原因，有极少部分管线无法接入到市政排水主管网内，这样部分污水就会直接排入运河内，尤其是在夏季汛期，污水和雨水一起排入运河内，因此运河的碳浓度比较高，平均值达到7.71mg·L$^{-1}$。另一方面，位于一、二环区域内的环城运河周边有大量的居住用地，有更多休闲游览的人群，可能较多地受到有机污染物（如食物垃圾、污水沉积物和塑料）的影响。浑河与丁香湖位于研究区域的边缘地带，仅在节假日期间有较多的游览人群。另外，浑河与丁香湖均为研究区域内的大面积水域，水量较为充沛，有机碳浓度从而降低；而环城运河的水面呈现带状，最窄的水面宽度仅为15m左右，有利于有机碳的积累。浑河在南阳桥附近区域和长安桥与东塔桥之间部分的有机碳浓度较高，可能是由于这两个部分两岸均有大面积的耕地。人们的耕种行为也会对水体的有机碳浓度产生影响。

环城运河包括南运河、新开河及卫工河。这三个部分的有机碳浓度分布也有明显不同，南运河的碳浓度最高，并且CV值最低，为17.11%，这可能是由于南运河两岸大多为居住用地，土地利用类型较为单一；而新开河两岸则有居住用地、公共用地（如大学、医院、商厦、剧院、政府机构等）、工业仓储用地（如塑料模具厂、运输有限公司、物流公司、电力投资有限公司、工厂等）等，其土地利用类型组成较为复杂，从而影响了水体的碳浓度，空间变化最大。由于卫工河全程呈直线状向南北延伸，并紧邻着较宽的卫工街，西岸的植被较少，隐秘性较低，游览人群较少，使得卫工河的碳浓度最低，为5.41mg·L$^{-1}$。

另外，有研究表明，上层水体的有机碳浓度高于下层水体，是由于上层水体具有较高的生产力和较多的陆源有机质的输入[241]。受水体透明度和光照影响，上层水体中的光合作用旺盛，使得藻类的生长局限在表层，表层水体藻类生长释放的碳是导致表层水体碳浓度增加的主要原因。

# 4.3 河底沉积物碳汇

## 4.3.1 河底沉积物有机碳密度

研究区域内河底沉积物（20cm厚）有机碳密度的平均值为40.92t·hm$^{-2}$（表4-3）。

河底沉积物（20cm厚）有机碳密度　表4-3

| | 河底沉积物（20cm厚）有机碳密度（t·hm$^{-2}$） | | | |
|---|---|---|---|---|
| | Min | Max | 平均值 | CV（%） |
| 浑河 | 9.85 | 131.1 | 41.1 | 52.55 |
| 南运河 | 20.42 | 93.92 | 56.23 | 38.93 |
| 新开河 | 16.83 | 91.18 | 43.37 | 46.74 |
| 卫工河 | 15.39 | 45.65 | 31.70 | 41.96 |
| 丁香湖 | 16.12 | 32.34 | 18.90 | 43.92 |
| 总值 | 9.82 | 131.12 | 40.94 | 53.06 |

水系各部分的河底沉积物碳密度差异显著（$p$=0.001），其中南运河>新开河>浑河>卫工河>丁香湖，与各部分水体的有机碳浓度分布趋势有一定的差别。

## 4.3.2 河底沉积物有机碳储量估算及空间分布

将测得的样本的河底沉积物碳密度与研究区域遥感影像相结合，应用经验贝叶斯克里金插值法得到研究区域河底沉积物有机碳储量空间分布图（图4-4），并计算得出研究区域内的河底

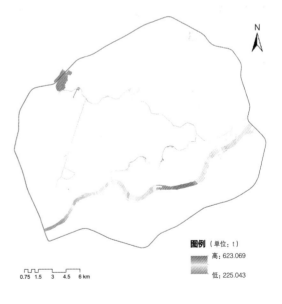

图4-4 研究区域河底沉积物有机碳储量空间分布图

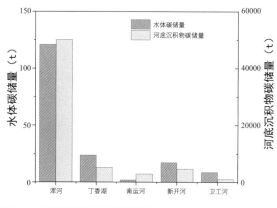

图4-5 水系各部分水体碳储量比较

沉积物碳储量为63800.62t。其中，浑河的河底沉积物碳储量为50031.19t，占总河底沉积物碳储量的78.42%，丁香湖为5189.05t，南运河为2904.60t，新开河为4641.09t，卫工河为1034.69t（图4-5）。

有机碳在河底沉积物中的分布具有空间异质性。浑河部分在五里河桥—长青桥一段的碳储量最高，其次是在南阳桥—三好桥东侧部分以及东塔桥之间的部分，其他部分碳储量均较低；丁香湖沉积物的碳储量均较低；南运河的河底沉积物碳储量均较高，而万柳堂公园—万泉公园地段的碳储量最高；新开河则在沈海立交桥—北陵公园部分碳储量较其他部分更高一些；卫工河则为南部比北部碳储量高一些。

## 4.3.3 影响因素分析

碳是河底沉积物的主要成分之一，由无机碳和有机碳两部分构成。有机碳主要来源于水体的水生植物和流域侵蚀带来的陆地植物碎屑，无机碳则来源于水体中自生碳酸盐和外源的碳酸盐[242]。

### （1）水体有机碳含量的影响

将河底沉积物碳密度与水体碳浓度空间分布图进行比较发现，二者的分布趋势比较一致，这表明沉积物的有机碳积累在很大程度上受到水体有机碳含量的直接影响。因此，对水体有机碳储量产生影响的因素对河底沉积物有一定的影响。

### （2）人为活动的干扰

浑河的五里河桥—长青桥段河底沉积物碳储量最高，水体有机碳储量却比较低。该段区域的北岸为五里河公园，南岸为奥林匹克生态公园，人为活动最为密集，对植被进行人工修剪、施肥等活动[243, 244]，以及游客在河边的游览娱乐等活动比其他区域更为频繁，从而大大增加了该区域河底沉积物的碳储量。

## 4.4 沈阳市水系碳汇空间分布

研究区域水系的有机碳主要储存在水体和河底沉积物当中，根据样点采集测试及遥感反演，得到研究区水系碳汇空间分布图（图4-6），并测算出沈阳市三环以内的水系碳储量为63973.62t，其中水体碳储量为172.80t，占水系总碳储量的0.27%；河底沉积物碳储量为63800.82t，占水系总碳储量的99.73%。

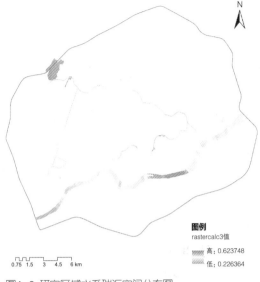

图例
rastercalc3值

■■■ 高：0.623748
■■■ 低：0.226364

0.75 1.5 3 4.5 6 km

图4-6 研究区域水系碳汇空间分布图

## 4.5 本章小结

水系有机碳储存是城市自然碳汇的有机组成部分。认识了解城市水系有机碳的组成、含量、来源及贡献比例、影响因素等，有助于认识城市水系对城市碳汇的贡献，也为进一步开展城市水体有机碳循环研究工作奠定坚实基础。本章通过样本提取和实验方法，获得沈阳市三环内水系碳储量数据，并分析了水系碳储量空间分布格局，估算了水系碳储总量。研究结果表明：

（1）水体有机碳浓度平均值为6.51 mg·L$^{-1}$，碳储量为172.80 t。有机碳在水体中的分布并不均匀，具有空间异质性，南运河的有机碳浓度最高，为8.75 mg·L$^{-1}$；环城运河的碳浓度显著高于浑河和丁香湖。

（2）河底沉积物（20cm厚）的有机碳密度平均值为40.92 t·hm$^{-2}$；碳储量为63800.62 t。有机碳在河底沉积物中的分布具有空间异质性，各部分的碳密度差异显著（$p$=0.001），其中南运河>新开河>浑河>卫工河>丁香湖。

（3）沈阳市三环以内的水系碳储量为63973.62 t，其中水体碳储量为172.80 t，占水系总碳储量的0.27%；河底沉积物碳储量为63800.82 t，占水系总碳储量的99.73%。

Urban Ecosystems

第 5 章

建筑单体
碳汇核算方法

在城市生态系统中，除了自然碳汇系统外，人工碳汇系统也是不可忽视的组成部分。建筑作为城市中的重要组成，既是城市空间形态的外在表现，也是城市功能的重要承担者。随着城市不断发展和向外扩张，大量的混凝土使用在城市建设过程中。目前已有部分专家对建筑混凝土的碳汇功能展开研究，但研究仅从结构构件组成的角度分析了混凝土构件的碳化程度，并没有针对建筑单体的固碳能力进行深入探讨。城市建筑的固碳量由每一栋单体建筑组成，因此建立单体建筑固碳量核算方法是下一步估算城市建筑固碳能力的前提。本章针对目前建筑固碳量估算中存在的核算方法缺乏、核算边界不明确、所需信息统计模糊等问题，从微观混凝土构件碳化实验出发，分析影响建筑固碳能力的各类因素，采用理论公式推导的方法，通过调整各项参数内容，建立针对单体建筑的固碳量核算方法，为下一步构建城市固碳模型提供基础。

# 5.1 混凝土碳化机制分析

## 5.1.1 混凝土碳化反应原理

混凝土的碳化反应主要是其材料中的水泥产物与 $CO_2$ 发生反应。水泥中的主要成分为CaO，约占水泥总量的65%。水泥中的CaO 在其水化固化过程中生成水化硅酸钙($CaO \cdot 2SiO_2 \cdot 3H_2O$,CSH)和氢氧化钙[$Ca(OH)_2$]。在混凝土固化过程中，水泥成分由于化学反应产生的热量使混凝土内的水分蒸发，在其内部形成许多大小各异的孔隙。混凝土通过孔隙水与环境湿度之间的温湿平衡形成稳定的孔隙水膜，环境中的 $CO_2$ 气体在其内部孔隙的扩散反应中溶解于孔隙水膜形成碳酸。碳酸与混凝土中固相的 $Ca(OH)_2$、CSH以及未水化的硅酸三钙（$C_3S$）、硅酸二钙（$C_2S$）反应生成稳定的 $CaCO_3$ 及其他物质（图5-1）。

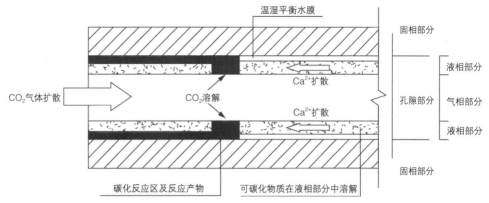

图5-1 混凝土碳化的物理过程
（图片来源：网络）

其重要的化学反应方程式如下：

$$Ca(OH)_2 + CO_2 \longrightarrow CaCO_3 + H_2O$$

$$CaO \cdot 2SiO_2 \cdot 3H_2O + 3CO_2 \longrightarrow 3CaCO_3 \cdot 2SiO_2 \cdot 3H_2O$$

$$3CaO \cdot 2SiO_2 + 3CO_2 + \lambda H_2O \longrightarrow SiO_2 \cdot \lambda H_2O + 3CaCO_3$$

$$2CaO \cdot 2SiO_2 + 2CO_2 + \lambda H_2O \longrightarrow SiO_2 \cdot \lambda H_2O + 2CaCO_3$$

## 5.1.2 混凝土碳化反应模型

混凝土的碳化反应理论是根据以上复杂的物理化学过程，依据气体扩散方程菲克定律推导出来的。即：

$$d = k \cdot \sqrt{t} \qquad (5-1)$$

式中，$d$ 为混凝土碳化深度（mm）；$k$ 为碳化速率系数（$mm \cdot a^{-1}$）；$t$ 为碳化时间（a）。

苏联学者阿列克谢耶夫依据菲克第一扩散定律，由 $CO_2$ 在混凝土中的扩散作用推导出了经典的混凝土碳化理论模型。即：

$$d = \sqrt{\frac{2D_{CO_2}C_0}{m_0}} \cdot \sqrt{t} \qquad (5-2)$$

式中，$D_{CO_2}$ 为 $CO_2$ 在混凝土中的有效扩散系数；$C_0$ 为混凝土表面的 $CO_2$ 浓度（%）；$m_0$ 为单位体积混凝土吸收 $CO_2$ 的量（$mol \cdot m^{-3}$）。阿列克谢耶夫基于 $CO_2$ 的有效扩散系数 $D_{CO_2}$ 表现其在混凝土中的扩散能力，用单位体积混凝土吸收 $CO_2$ 的量

$m_0$表示混凝土碳化过程中固化$CO_2$的能力。水灰比、水泥品种与用量、相对湿度等因素对碳化速度的影响都是通过这两个参数来体现的。

希腊学者Papadakis等从化学分析的分子层次研究了混凝土的碳化反应过程，认为混凝土的碳化过程包括扩散、溶解与固体反应三个过程，根据相关的分子化学分析提出可以碳化的物质包括氢氧化钙[$Ca(OH)_2$]、水化硅酸钙($CaO \cdot 2SiO_2 \cdot 3H_2O$,CSH)及未水化的硅酸三钙（$C_3S$）和硅酸二钙（$C_2S$）。其表达式如下：

$$d = \sqrt{\frac{2D_{CO_2}[CO_2]^0}{[Ca(OH)_2]^0 + 3[CSH]^0 + 3[C_3S]^0 + 2[C_2S]^0}} \cdot \sqrt{t} \tag{5-3}$$

式中，$[Ca(OH)_2]^0$、$[CSH]^0$、$[C_3S]^0$、$[C_2S]^0$分别为各可碳化物质的初始浓度（$kg \cdot m^{-3}$）；$D_{CO_2}$为$CO_2$在混凝土中的有效扩散系数；$[CO_2]$为混凝土表面的$CO_2$浓度。该模型中的参数有明确的物理含义，虽然推导的过程方式与阿列克谢耶夫不同，但其结果却异曲同工。

混凝土碳化理论模型中影响碳化速率的因素众多，因此国内外学者对其提出了多种计算模型，其中包括经验模型和复合模型。经验模型中，较典型的有基于水灰比的日本岸谷孝一模型：

$W/C > 0.6$时：

$$d = r_c \cdot r_a \cdot r_s \sqrt{\frac{W/C - 0.25}{0.3(1.15 + 3W/C)}} \cdot \sqrt{t} \tag{5-4}$$

$W/C \leqslant 0.6$时：

$$d = r_c \cdot r_a \cdot r_s \frac{4.6\,W/C - 1.76}{\sqrt{7.2}} \cdot \sqrt{t} \tag{5-5}$$

式中，$W/C$为水灰比；$r_c$为水泥品种影响系数；$r_a$为骨料品种影响系数；$r_s$为混凝土掺加剂影响系数。

基于混凝土抗压强度的牛荻涛模型：

$$d = k_1 \cdot k_2 \cdot k_3 \left[ \frac{24.48}{\sqrt{f}} - 2.74 \right] \sqrt{t} \tag{5-6}$$

式中，$f$为混凝土抗压强度标准值（MPa）；$k_1$为地区影响系数，北方地区为1.0，南方及沿海地区为0.5~0.8；$k_2$为室内外影响系数，室外为1.0，室内为1.87；$k_3$为混凝土养护时间影响系数，对一般施工情况取1.50。

基于不同材料修正多系数的龚洛书模型：

$$d = K_{\mathrm{W}} K_{\mathrm{C}} K_{\mathrm{g}} K_{\mathrm{FA}} K_{\mathrm{b}} K_{r} \alpha \sqrt{t} \qquad (5-7)$$

式中，$\alpha$ 为混凝土碳化速度系数，普通混凝土取2.32，轻集料混凝土取4.18；$t$ 为碳化时间，a；$K_{\mathrm{W}}$、$K_{\mathrm{C}}$、$K_{\mathrm{g}}$、$K_{\mathrm{FA}}$、$K_{\mathrm{b}}$、$K_{r}$ 分别表示水灰比、水泥用量、骨料种类、粉煤灰占水泥量比、养护方法和水泥品种的影响系数。

复合模型在阿列克谢耶夫理论模型的基础上，以扩散理论和试验结果为主。其中张誉模型为：

$$d = 839(1-RH)^{1.1} \sqrt{\frac{W/C - 0.34}{C}} \cdot v_0 \cdot \sqrt{t} \qquad (5-8)$$

式中，$RH$为环境相对湿度（%），$RH>55\%$时适用；$W/C$为混凝土的水灰比；$C$为水泥用量（$\mathrm{kg \cdot m^{-3}}$）；$v_0$为$CO_2$的体积分数。

以扩散理论为依据的理论模型，其物理意义明确、理论依据充分，但应用性差、模型参数较难确定；以碳化实验为依据的经验模型，模型应用性好、参数易确定，但理论依据不足，实际应用具有一定误差；以扩散理论和实验结果相结合的复合模型，有较充分的理论依据和实际可操作性，但其涉及影响参数较多，不适合单体建筑碳汇的核算。

# 5.2 碳汇实验分析与验证

通过分析混凝土碳化的研究成果，发现混凝土的碳化深度直接影响其$CO_2$吸收量。因此在研究混凝土建筑固碳量时，碳化深度是很好的特征指标。通过对既有建筑混凝土构件现场采样，可以直接测量出混凝土的碳化深度，进而有效地推算出混凝土构件组合的固碳能力。

## 5.2.1 数据采集

分析混凝土构件固碳能力，其数据来源主要包括两部分：一部分是在既有建筑直接取样，通过实验方法对采样的混凝土试块进行分析计算，从而确定建筑混凝土的固碳能力，这类数据来源为直接来源；另一部分则是通过对以往研究的文献进行分析，通过清单统计的方法收集整理数据，这类数据来源为间接来源。

需要注意的是，直接来源中需要保证选取的既有建筑具有一定的典型性与代表性，在样本选择上既要满足取样条件又不对建筑结构及建筑使用产生影响，因此不能仅在一个案例中采集多个样本，而是要针对不同建筑类型，在不同结构位置选择多个样本。而在间接数据中，可查阅资料包括建筑图纸、招标文件、检测报告、预算说明等多种文件类型，也可以根据施工单位提供的造价清单和施工图纸对建筑规模、建筑材料进行多方面估算。这类数据分析整理在一定程度上保证了计算过程的完整性，同时也与建筑所处社会环境保持一致。

### （1）直接数据样本采集

混凝土试块的样本采集方法参照《钻芯法检测混凝土强度技术规程》JGJ/T 384—2016，将混凝土结构构件利用钻机打通，取出采集钻芯。这种方法可以直接获取混凝土构件内部数据，直观且可靠，采集过程包含以下几方面内容：①委托检测登记，检测员获得有关资料；②选择采样工具并检查工具安全性；③确定钻取位置及每个位置所需钻芯数量；④对钻取后的钻芯进行养护处理；⑤实验检测。

在钻取过程中，会对建筑结构产生一定的破坏，因此钻取部位选取十分重要，处理不当会对建筑主体结构的安全性产生影响。因此，钻芯法常用于检测建筑质量或旧房改造等。检测前需取得相关检测部分的批复文件方可进行。在本研究中的典型建筑既要考虑建筑的多样性，又要考虑钻芯的可获得性。基于以上原因，本实验委托辽宁省××研究院质量检测中心协助完成。

通过筛查项目资料，综合考虑现有条件，最终筛选出4栋建筑为调查对象，其中3栋建筑为10年以上老旧公共建筑，1栋建筑为新建住宅建筑。对于3栋老旧建筑，本方案选用辽宁省××研究院提供的HZ-20型混凝土钻芯机（图5-2）为钻芯法取样设备。方案内的单体建筑取样数量根据建筑基本信息确定，一般大于10个，取芯位置在结构上均匀布置。从钻孔中取出的芯样试件不满足直接实验的要求，因此需用自动岩石切片机 DQ-1 型（图5-3）进行切割加工。新建住宅建筑利用安装中央空调所需空洞及装修所需打孔完成样本采集。

实地测量建筑信息及取样见表5-1。表中混凝土强度等级为建筑设计等级，实际检测数据基本属实。结构形式包括框架结构和框架—剪力墙结构，取样数量根据单体建筑面积及结构进行合理分配。

图 5-2 HZ-20 型混凝土钻芯机　　　　图 5-3 自动岩石切片机DQ-1 型

实地测量建筑信息及取样　　　　　　　　　　　表 5-1

| 序号 | 总建筑面积（m²） | 结构形式 | 建筑使用类型 | 建筑层数（层） | 建设时间（年） | 混凝土强度等级 | | | 取样数量（个） | | |
|---|---|---|---|---|---|---|---|---|---|---|---|
| | | | | | | 柱 | 梁 | 楼板 | 柱 | 梁 | 楼板 |
| 1 | 240 | 框架结构 | 住宅 | 2 | 2018 | C30 | C30 | C25 | — | 6 | 2 |
| 2 | 45440 | 框架结构 | 商业 | 4 | 2000 | C30 | C30 | C25 | 35 | 35 | 5 |
| 3 | 3862 | 框架结构 | 医疗 | 4 | 1998 | C30 | C30 | C20 | 25 | 25 | 5 |
| 4 | 2852 | 框架结构 | 工业（食堂） | 2 | 1995 | C30 | C30 | C20 | 15 | 15 | 4 |

### （2）间接数据的采集及情况

混凝土碳化的深度与多个因素有关，由于学科以及设备条件的限制，不能直接提取大量实际数据。因此，采用清单统计法对相关数据信息进行采集，采集数据来源为文献数据和科研企业提供的数据。

通过对混凝土碳化相关文献的分析，有目标地选取从既有建筑上取样的文献，包含碳化时间、碳化深度、水灰比、水泥用量、抗压强度、抗压强度等级、温度、湿度、$CO_2$浓度等相关信息数据。数据的覆盖时间为1990—2007 年，其中碳化时间从1～56 年不等，基本满足中国建筑使用年限 50 年。碳化深度从2.1～62.8mm不等，部分数据不满足《混凝土结构设计规范》GB 50010—2010中混凝土钢筋保护层的厚度。由于部分数据来源于20世纪 90 年代，其抗压强度与现有规范不符，因此混凝土等级按照《混凝土结构设计规范》GB 50010—2010、GB 50010—2002、GB 50010—1992相关要求根据混凝土的抗压强度推算。文献数据因文献提供的时间、项目信息等条件不一，因此还需要补充在其他碳汇影响因素可查范围内的相关数据，以完善碳汇计量数据库。数据的来源为辽宁省××研究院质量检测中心和××工程检测咨询有限公司。其中碳化深度为各结构部分取样样本的平均值，混凝土等级按照《混凝土结构设计规范》GB 50010—2010相关要求根据混凝土的抗压强度推算。

## 5.2.2 酚酞实验

依据混凝土的碳化理论设计酚酞实验，其目的是区分建筑中混凝土的碳化部分和未碳化部分，确定混凝土的碳化深度值。实验对经过筛选和切割加工的样本进行混凝土碳化深度的酚酞溶液测定，具体实验步骤如下，部分测试结果见表5-2。

（1）配置 1%的酚酞乙醇溶液。

（2）对切割过的混凝土试样表层进行每10mm一格的等距划分。

（3）将 1%的酚酞乙醇溶液喷洒在切割断面上，已碳化部分不变色，未碳化部分混凝土呈紫红色（图5-4）。

（4）用游标卡尺对提前划分格距内的碳化区域进行测量，要求精确到 0.1mm。在测量过程中，如遇到骨料则分别测量格距内骨料碳化边缘值的平均值（图5-5）。

（5）每个格距测量值的均值为该样品的碳化深度值。

图5-4 酚酞喷洒过程图

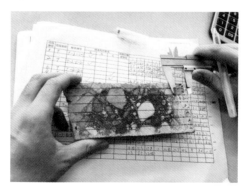

图5-5 混凝土碳化深度测量图

### 5.2.3 TGA热重实验

混凝土的热重分析采用TG-DSC分析方法。其目的为通过混凝土的化学反应原理及质量守恒定律分析并计算各试样混凝土吸收$CO_2$的能力。混凝土中$Ca(OH)_2$碳化后会生成$CaCO_3$，$Ca(OH)_2$和$CaCO_3$加热到一定温度会分解。理论上$CaCO_3$的分解温度是 898℃，$Ca(OH)_2$的分解温度是580℃，但是实际分解温度会受压力、纯度等各种因素的影响而发生变化。本研究采用实际DSC曲线出现的波谷区间来确定$Ca(OH)_2$和$CaCO_3$的分解问题。分解的化学反应式如下：

$$Ca(OH)_2 \longrightarrow CaO+H_2O$$

$$CaCO_3 \longrightarrow CaO+CO_2$$

根据以上化学反应式，利用化学分子的比例和混凝土的失重率可以推算出它们在样品中的质量分数。具体公式如下：

$$w_{CO_2}=w_c-w_d \tag{5-9}$$

$$w_{H_2O}=w_a-w_b \tag{5-10}$$

$$w_{CaCO_3}=w_{CO_2}\times M_{CaCO_3}/M_{CO_2} \tag{5-11}$$

$$w_{Ca(OH)_2}=w_{H_2O}\times M_{Ca(OH)_2}/M_{H_2O} \tag{5-12}$$

式中，$w_{CO_2}$为$CaCO_3$分解后释放$CO_2$的质量百分数；$w_{H_2O}$为$Ca(OH)_2$分解后释放 $H_2O$的质量百分数；$w_{CaCO_3}$为$CaCO_3$的质量百分数；$w_{Ca(OH)_2}$为$Ca(OH)_2$的质量百分数；$w_a$、$w_b$、$w_c$、$w_d$分别表示$Ca(OH)_2$开始分解和结束时温度所对应的质量百分数和$CaCO_3$开始分解和结束时温度所对应的质量百分数；$M_{CaCO_3}$为$CaCO_3$的摩尔质量，100.0869g·$mol^{-1}$；$M_{Ca(OH)_2}$为$Ca(OH)_2$的摩尔质量，74.096g·$mol^{-1}$；$M_{CO_2}$为$CO_2$的摩尔质量，44g·$mol^{-1}$；$M_{H_2O}$为$H_2O$的摩尔质量，18g·$mol^{-1}$。热重实验的具体步骤如下：

（1）取已喷洒酚酞后可区分碳化部分和未碳化部分的混凝土试样，对其进行碳化部分和未碳化部分的水泥材料分别取样，剔除掉混凝土中不发生碳化反应的粗细骨料和集料。

（2）将取样的样品研磨成粉末，然后用 0.3mm 筛子筛选。用分子天平量取0.01g样品放入热分析氧化铝坩埚中，同时量取坩埚的净质量，精确到 0.0001g（表5-2）。

（3）将热分析氧化铝坩埚置入热重分析仪器中，本实验采用的仪器为

STA449 F3 型同步热分析仪（图5-6），温度设定从室温 24℃以每分钟 15℃的速率上升到1000℃。

（4）通过热重分析仪器的处理分析软件提取相关数据，得到随温度变化的试样TG和DSC曲线。

混凝土样品碳化部分及未碳化部分热重实验前质量检测 　　表5-2

| 样品名称 | 坩埚及样品总质量（g） | 坩埚净重（g） | 样品净重（g） | 备注 |
|---|---|---|---|---|
| M-3-Z un | 0.2133 | 0.2018 | 0.0115 | 温度设定：24 ~ 1000℃；15℃/min |
| M-3-Z cz | 0.2155 | 0.2041 | 0.0114 | |

图5-6　STA449 F3 型同步热分析仪

实验结果与分析：以铁岭调查取样的三层柱（样品编号：M-3-Z）为例，图5-7为该样品碳化部分和未碳化部分的TG-DSC图谱。由图5-7可见，试样的未碳化部分出现了$CaCO_3$和$Ca(OH)_2$的明显波谷，而碳化部分的试样也同样出现了$CaCO_3$区间的波谷，但$Ca(OH)_2$的变化肉眼几乎无法辨认。由此可以说明，未碳化部分在碳化之前 $CaCO_3$和$Ca(OH)_2$共同存在，其原因可能为水泥厂商在制作水泥时的不规范操作。在试样的碳化过程中，$Ca(OH)_2$吸收$CO_2$完全反应后生成$CaCO_3$。

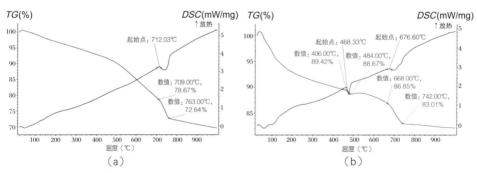

图 5-7 M-3-Z碳化（cz）部分和未碳化（un）部分的 TG-DSC 图谱
（a）碳化部分；（b）未碳化部分 （图片来源：仪器制图）

根据实验反应得出的数据对该M-3-Z试样进行计算可得到样品中$CaCO_3$、$Ca(OH)_2$的质量，见表5-3。由表可知，未碳化部分的$Ca(OH)_2$质量分数随着碳化而减少至0.70%，说明$Ca(OH)_2$在时间作用下并未完全碳化，而$Ca(OH)_2$按照理论值完全碳化转化为$CaCO_3$的质量分数也只有12.2%，加上未碳化部分$CaCO_3$之后的质量分数为14.55%，小于碳化部分$CaCO_3$的质量分数16.58%。推断除了$Ca(OH)_2$还有其他物质参与$CO_2$的吸收反应，根据第2章的混凝土碳化理论，这些其他物质可能为CSH、$C_3S$和$C_2S$。

M-3-Z试样中$CaCO_3$和$Ca(OH)_2$质量        表 5-3

| 样品名称 | 总质量（mg） | $CaCO_3$质量（mg） | $Ca(OH)_2$质量（mg） | $CaCO_3$质量占比（%） | $Ca(OH)_2$质量占比（%） |
|---|---|---|---|---|---|
| M-3-Z un | 11.5 | 0.27 | 1.66 | 2.35 | 14.43 |
| M-3-Z cz | 11.4 | 1.89 | 0.08 | 16.58 | 0.70 |

因此，在核算试样中的$CO_2$吸收量时，不能仅以$Ca(OH)_2$化学反应式为推论，应根据实际情况对混凝土材料进行定量分析。本书以碳化部分和未碳化部分$CaCO_3$含量的差值为实际考虑试样吸收$CO_2$的量，得到各试件碳汇能力，见表5-4。

各试件碳汇能力        表5-4

| 测试建筑 | 构件类型 | 固碳能力（$kg \cdot m^{-3}$） |
|---|---|---|
| 医疗建筑 (M) | M-1-L | 114.84 |
| | M-2-B | 41.82 |
| | M-3-Z | 104.56 |
| | M-4-L | 133.3 |
| | M-4-Z | 127.8 |
| 工业食堂 (I) | I-1-L | 188.15 |
| | I-1-B | 48.89 |
| | I-1-Z | 114.61 |
| | I-2-L | 122.05 |
| | I-2-Z | 186.5 |

| 测试建筑 | 构件类型 | 固碳能力（$kg \cdot m^{-3}$） |
|---|---|---|
| 商业建筑（C） | C-2-B | 55.59 |
| | C-2-Z | 156.79 |
| | C-3-L | 206.45 |
| | C-3-Z | 187.78 |
| | C-4-L | 200.21 |
| 居住建筑（R） | R-1-L | 62.68 |
| | R-1-B | 23.65 |
| | R-1-L | 50.21 |
| | R-2-L | 66.34 |
| | R-2-B | 24.47 |

## 5.2.4 EDS能谱实验

EDS 能谱实验的设计目的为对碳化和未碳化部分进行微观层面区分，并通过能量谱图分析各元素的占比，计算混凝土吸收$CO_2$的能力。通过扫描电镜成像能有效地分辨碳化和未碳化部分的微观形态，以此排除酚酞实验中由于环境或材料等其他因素对试样区分的误差。通过匹配的能谱仪器能有效地确定某一面域内各物质分子中元素含量的占比。本书实验使用S-4800冷场发射扫描电子显微镜（图 5-8）。具体实验操作过程如下：

（1）取已区分碳化部分和未碳化部分的混凝土试样，剔除粗细骨料和集料，对碳化部分的表层和未碳化部分的内层水泥试样进行取样，试样为大小不超过0.5mm×0.5mm 且较平整的小试块。

（2）将小试块进行编号，放入仪器设备的样品托上。将准备好样品的样品托放入样品架后插入样品室。

（3）对仪器进行相关操作，调节电子光学系统，观察样品记录SEM 图像。对面域内的分子元素进行能谱分析（图5-9）。

混凝土的微观结构是由水泥水化的产物$Ca(OH)_2$、CSH以及未水化的$C_3S$、$C_2S$组成的。$C_3S$和$C_2S$水化生成的水化硅酸钙不溶于水，以胶体微粒析出CSH，形态呈

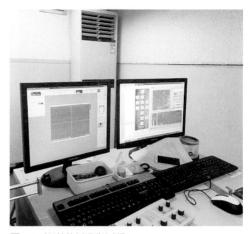

图5-8 S-4800 冷场发射扫描电子显微镜　　　图5-9 能谱分析操作过程

发育不良的纤维状或网状晶体。$Ca(OH)_2$与孔隙水形成$Ca(OH)_2$饱和溶液，随着反应进行形成较大的无规律的六边形棱状晶体，这些晶体常不规则地重叠在一起。大量的$Ca(OH)_2$晶体和不规则的纤维网状的CSH晶体填满水泥颗粒之间形成的孔隙。碳化后$Ca(OH)_2$晶体和CSH与$CO_2$发生反应，$Ca(OH)_2$和CSH形成不规则形态的碳酸钙，CSH凝胶体形状发生变化形成不规则的簇状结构。

图5-10为案例建筑样品碳化和未碳化部分的SEM图。碳化部分混凝土内部存在大量规则的蠕虫状CSH晶体，孔洞较少且细小，CSH晶体基本将六角板状$Ca(OH)_2$晶体包裹，凝胶和晶体间构成的微界面及内部大量微孔隙均被填实，形成较为均匀密实的连续体。

碳化后的混凝土水泥浆体结构中，本应排列致密的蠕虫状CSH凝胶结构形成不规则的簇状CSH凝胶结构，水化产物$Ca(OH)_2$与大气中的$CO_2$反应后生成不规则的$CaCO_3$菱柱形晶体结构，其逐渐覆盖在浆体表面使结构逐渐致密，总孔隙率降低，孔洞逐渐减少。

对每个试件中的碳化部分和未碳化部分的试样进行能谱分析，以混凝土试件为单位每组实验选取试样不少于2个，每个试样的能谱分析面域选择1~2个。通过分析可以发现，未碳化部分的碳含量主要集中在 20%以下，碳化后的碳元素含量增加到25%~45%，氧元素的含量因为混凝土中各化学物质的反应，在碳化后较未碳化显著减少，其幅度与碳元素增量相当。其他元素含量因取样和化学物质反应的体积变化有个别差异可忽略不计，总体未出现明显的变化。

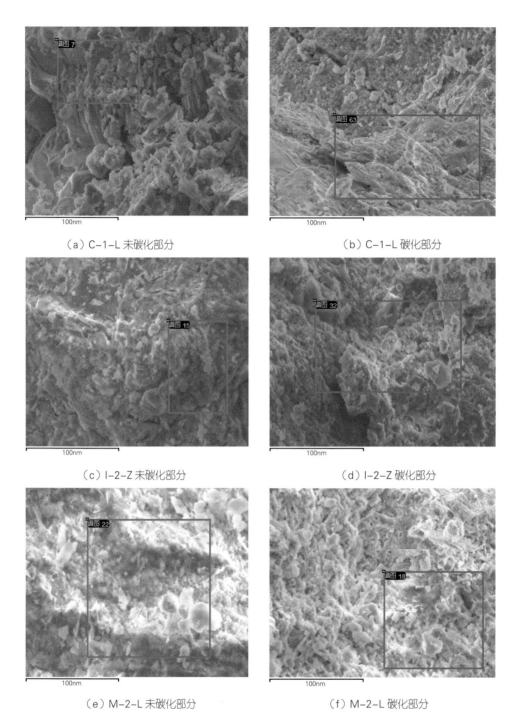

（a）C-1-L 未碳化部分 　　　　　　　　　　　　　　（b）C-1-L 碳化部分

（c）I-2-Z 未碳化部分 　　　　　　　　　　　　　　（d）I-2-Z 碳化部分

（e）M-2-L 未碳化部分 　　　　　　　　　　　　　　（f）M-2-L 碳化部分

图 5-10　案例建筑样品碳化和未碳化部分的SEM 图
（图片来源：仪器制图）

以 C-1-Z 为例，对其碳化和未碳化部分进行能谱分析与化学成分分析（表 5-5、表 5-6），发现面域中物质含有 C、O、Si、Ca、Al、S、Fe、Mg 等化学元素，含量较多的元素是 C、O、Si、Ca 这4种构成混凝土材料的基本化学成分。未碳化部分C、O、Si、Ca 原子质量占比的平均值分别为 6.44%、74.62%、6.41%、7.52%。碳化部分C、O、Si、Ca 原子质量占比的平均值分别为 26.64%、65.13%、2.47%、4.5%。C原子在混凝土碳化后具有明显的变化，O 和 Ca 原子由于混凝土中含有孔隙水，$Ca(OH)_2$溶于水形成$Ca(OH)_2$溶液，碳化后的$Ca(OH)_2$产生一定量的水会再次在孔隙中形成水膜，溶于水中的元素会在特殊条件下挥发，因此$Ca(OH)_2$会产生一定量的质量损失。同时 CSH 在碳化过程中的化学反应使其自身的胶体结构发生改变，其体积发生变化，使空间结构具有膨胀性，因此在面域扫描中不可避免 Si 原子的缺失，但其基本上都在自身的误差范围内。

**碳化能谱图像及元素占比**      表5-5

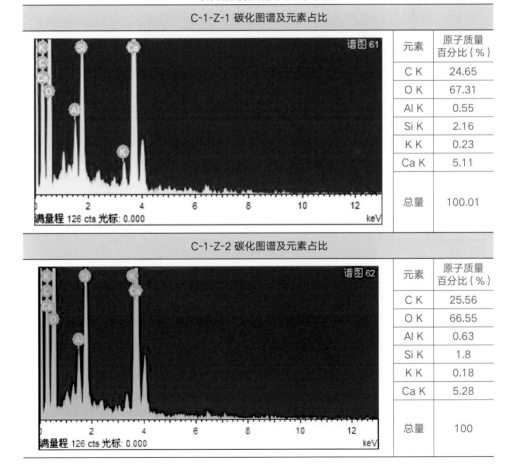

C-1-Z-1 碳化图谱及元素占比

| 元素 | 原子质量百分比（%） |
| --- | --- |
| C K | 24.65 |
| O K | 67.31 |
| Al K | 0.55 |
| Si K | 2.16 |
| K K | 0.23 |
| Ca K | 5.11 |
| 总量 | 100.01 |

C-1-Z-2 碳化图谱及元素占比

| 元素 | 原子质量百分比（%） |
| --- | --- |
| C K | 25.56 |
| O K | 66.55 |
| Al K | 0.63 |
| Si K | 1.8 |
| K K | 0.18 |
| Ca K | 5.28 |
| 总量 | 100 |

| | C-1-Z-3 碳化图谱及元素占比 | | |
|---|---|---|---|
| 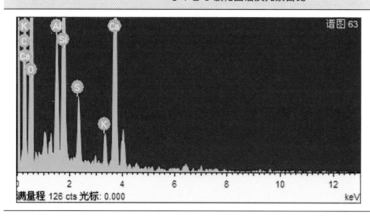 | 元素 | | 原子质量百分比（%） |
| | C K | | 29.72 |
| | O K | | 61.52 |
| | Al K | | 1.28 |
| | Si K | | 3.45 |
| | S K | | 0.59 |
| | K K | | 0.32 |
| | Ca K | | 3.12 |
| | 总量 | | 100 |

### 未碳化能谱图像及元素占比　　　　表5-6

| C-1-Z-1 未碳化图谱及元素占比 | | |
|---|---|---|
| 元素 | | 原子质量百分比（%） |

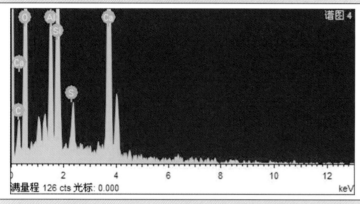

| 元素 | 原子质量百分比（%） |
|---|---|
| C K | 6.48 |
| O K | 76.59 |
| Al K | 2.27 |
| Si K | 6.46 |
| S K | 0.4 |
| Ca K | 7.8 |
| 总量 | 100 |

| C-1-Z-2 未碳化图谱及元素占比 | | |
|---|---|---|

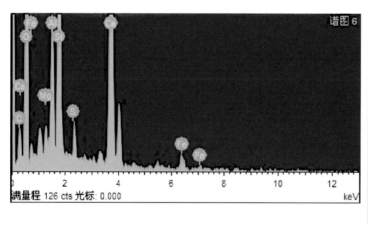

| 元素 | 原子质量百分比（%） |
|---|---|
| C K | 8.24 |
| O K | 75.81 |
| Mg K | 0.57 |
| Al K | 2.15 |
| Si K | 6.05 |
| S K | 0.47 |
| Ca K | 6.39 |
| Fe K | 0.32 |
| 总量 | 100 |

| | C-1-Z-3 未碳化图谱及元素占比 | | |
|---|---|---|---|

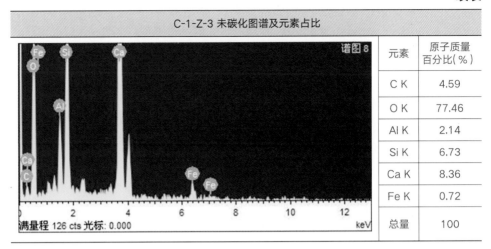

| 元素 | 原子质量百分比(%) |
|---|---|
| C K | 4.59 |
| O K | 77.46 |
| Al K | 2.14 |
| Si K | 6.73 |
| Ca K | 8.36 |
| Fe K | 0.72 |
| 总量 | 100 |

# 5.3 混凝土建筑碳汇影响因素分析

混凝土建筑材料中的化学物质在与空气中的$CO_2$发生碳化反应时能够吸收$CO_2$，在这个过程中参与反应的化学物质的多少决定了建筑碳汇量的大小。在研究碳化反应时，发现影响建筑碳化速率的因素种类繁多。因此本书基于中国知网文献数据库，在传统文献阅读的基础上，利用CiteSpace软件对混凝土碳化的研究现状进行梳理，对累计得到的7694篇文献进行筛选，排除重复与不相关的文献，对筛选后的关键词进行近义词合并，最终选出有效文献3802条。

通过聚类分析，从图谱可以明显看出，目前混凝土碳化的研究主要集中在碳化测算方法、影响碳化速率的主要因素、碳化深度的计算模型与实际工程中的耐久性应用等方面（图5-11）。其中，孔隙率、掺合料、水泥砂浆等与混凝土碳化存在较强关联性。在此基础上，以影响因素为划分内容，得到不同影响因素的占比情况与中心性，并将其划分为材料因素与环境因素（表5-7）。就建筑混凝土而言，其碳汇量还受自身设计因素影响，包括建筑的体量、规模、功能、结构等。因此，确定最终的影响因素为环境因素、材料因素与建筑设计因素。

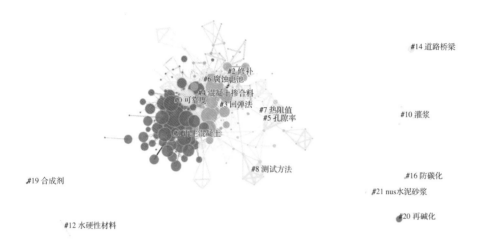

图 5-11 混凝土碳化的关键词分析
（图片来源：软件制图）

混凝土碳化影响因素筛选　　　　　　　表 5-7

| 被引量 | 中心性 | 网络排名 | 关键词 | 年份 | 影响因素属性 |
| --- | --- | --- | --- | --- | --- |
| 2081 | 0.31 | 4.53 | 碳化深度 | 1983 | 环境因素 |
| 1881 | 0.05 | 2.65 | 粉煤灰 | 1900 | 材料因素 |
| 1131 | 0.02 | 1.94 | 抗压强度 | 2008 | 环境因素 |
| 831 | 0.08 | 0.86 | 混凝土强度 | 2005 | 环境因素 |
| 360 | 0.01 | 1.34 | 粉煤灰混凝土 | 1985 | 材料因素 |
| 322 | 0.07 | 0.5 | 再生骨料 | 2010 | 材料因素 |
| 265 | 0.03 | 0.4 | 矿物掺合料 | 2010 | 材料因素 |

| 被引量 | 中心性 | 网络排名 | 关键词 | 年份 | 影响因素属性 |
|---|---|---|---|---|---|
| 257 | 0.01 | 0.96 | 水灰比 | 2011 | 材料因素 |
| 152 | 0.02 | 0.61 | 掺合料 | 2008 | 材料因素 |
| 97 | 0.01 | 0.84 | 外加剂 | 1997 | 材料因素 |
| 58 | 0.02 | 1.78 | 普通硅酸盐水泥 | 1982 | 材料因素 |
| 47 | 0.02 | 1.22 | 粉煤灰掺量 | 1985 | 材料因素 |
| 45 | 0.23 | 0.86 | 温度 | 1993 | 环境因素 |
| 36 | 0.01 | 0.77 | 轻骨料混凝土 | 1985 | 材料因素 |
| 32 | 0.33 | 0.87 | 湿度 | 1995 | 环境因素 |
| 28 | 0.04 | 1.13 | 混凝土掺合料 | 1984 | 材料因素 |
| 27 | 0.06 | 1.57 | 孔隙率 | 1982 | 材料因素 |
| 27 | 0.03 | 0.43 | 粉煤灰水泥 | 1985 | 材料因素 |
| 26 | 0.5 | 0.97 | 混凝土强度等级 | 2003 | 环境因素 |
| 24 | 0.04 | 0.88 | 水胶比 | 2010 | 材料因素 |
| 14 | 0.14 | 1.02 | $CO_2$ 浓度 | 1983 | 环境因素 |

## 5.3.1 环境因素

### （1）环境温度的影响

气体扩散速度和碳化反应速率受温度影响较大。随着温度升高，$CO_2$ 在混凝土中的扩散速度加快，加速了碳化反应，已有研究表明在 $-60 \sim 100℃$ 范围内，环境温度升高，混凝土碳化速度加快。相关实验研究指出，在相对环境湿度60%、$CO_2$ 浓度5%的情况下，温度300℃的碳化速度是10℃的1.7倍。国内外的对比试验表明，在22℃和 $-8℃$ 时，水泥砂浆吸收 $CO_2$ 的量相差4倍。

赵顺波[246] 给出了环境温度的影响系数为 $k_T$：

$$k_T = \sqrt{T_1/T_0} \qquad (5-13)$$

式中，$T_1$ 为碳化环境温度；$T_0$ 为标准环境温度。

李果等[247] 在其他气候条件一定的情况下，给出混凝土固碳速度基于环境相对温度和混凝土碳化深度的关系：

$$k_T = (T/10)^{0.7154} \qquad (5-14)$$

式（5-14）中环境相对温度的适用范围为10～60℃。

清华大学在建立混凝土碳化数据库时，给出了温度对碳化的影响公式为：

$$k_{T_1}/k_{K_2}=(T_1/T_2)^{\frac{1}{4}} \qquad (5-15)$$

式中，$T_1$、$T_2$为两种环境的绝对温度。

### （2）环境湿度的影响

环境中的相对湿度通过温湿平衡影响着混凝土中孔隙水的饱和含量。当相对湿度高时，混凝土中孔隙水含量过高，碳化反应固液界面上过多的水分阻止了混凝土中$CO_2$的进一步扩散，混凝土吸收$CO_2$含量减少；在相对湿度较小的干燥环境下，虽然$CO_2$在混凝土中扩散较快，但混凝土中的孔隙水含量小，无法在孔隙中形成液相环境，溶解于固液界面溶液中可反应的物质含量少，混凝土固碳含量减少。多数研究表明，相对环境湿度为40%～70%时，混凝土的碳化速度较快，吸收的$CO_2$量较多。蒋清野等[248]根据1981—1996年国内外的相关研究总结得出，相对湿度为40%～60%时混凝土碳化速度较快，50%时其反应速率最大，碳化速度与相对湿度的关系呈抛物线型。

朱安民[249]通过对比室内外不同地区、不同环境条件下的混凝土碳化速率，总结得出（图5-12）：相对湿度为90%的室内环境比相对湿度为50%的室内环境其碳化速率要慢;我国年均相对湿度较高、降雨量大的地区比年均湿度低、降雨量小的地区其碳化速率高。牛荻涛[250]指出，室外不淋雨环境的碳化深度比室外淋雨环境的碳化深度要大，约为1.6倍。因此经受雨雪作用的潮湿混凝土比不直接接触水的

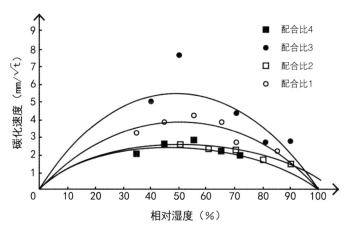

图5-12 环境相对湿度对碳化速度的影响
（图片来源：文献[249]）

混凝土吸收$CO_2$的量要少；室内环境较室外环境混凝土固碳量要高，其原因为室内环境因为人为因素$CO_2$浓度要高，相对湿度在适宜条件下为50%～60%，使混凝土碳化速率较大。

### （3）环境$CO_2$浓度的影响

混凝土表面$CO_2$浓度对其碳化深度具有一定的影响，因此空气中$CO_2$浓度的变化会导致混凝土碳化深度以及碳化速率有所改变。由于混凝土内部的化学反应使其产生影响$CO_2$气体扩散的固定分压差，$CO_2$气体容易被混凝土中的多空介质吸收。环境中$CO_2$浓度梯度越大，混凝土内外$CO_2$的浓度梯度就越大，内外压力不同，$CO_2$在混凝土中扩散越快，化学反应吸收$CO_2$越快（图5-13）。然而由于混凝土的组成具有一定的非均质性，部分研究表明$CO_2$浓度的提高从工程角度上不会加快混凝土的碳化速率，$CO_2$浓度的影响可忽略不计，但并未给出具体的原因分析。

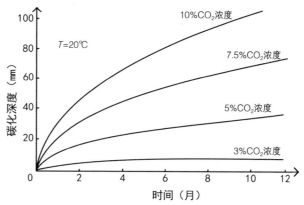

图5-13 $CO_2$浓度对碳化速率的影响
（图片来源：文献[250]）

## 5.3.2 材料因素

### （1）水灰比影响

水灰比是混凝土固碳速率的重要影响因素。当水泥用量为定值时，水灰比越大，单位体积内孔隙间的饱和水分越大，混凝土的水泥用量越小，水泥中单位体积可与$CO_2$反应的$Ca(OH)_2$含量越少，碳化速率越快。同时，混凝土在水化、硬化时由于化学反应的放热过程会蒸发大部分水分，水分消失后所留下的空间会形成混凝土的孔隙空间，水灰比越大，水分蒸发后所形成的孔隙越多，孔隙率越高，$CO_2$在混凝土内部孔隙之间扩散的速率越快，混凝土的碳化速率越快。反之，水灰比小的混凝土水分含量少，水分蒸发而产生的孔隙少，使混凝土组织密实、孔隙率小。因此，水灰比是决定$CO_2$在混凝土中有效扩散系数和碳化速率的主要因素。

国内外大量学者对混凝土水灰比与碳化深度的关系进行了加速碳化和长期暴露实验研究。Skijolsvold[251]利用加速碳化实验得出水灰比与碳化深度基本呈线性关系（图5-14）。山东建院通过对山东省内各市的室外混凝土进行暴露试验，得到水灰比与固碳速率的关系，并根据济南地区的混凝土材料暴露试验结果分析给出了相关表达式：$k = 12.1W/C - 3.2$；蒋利学等[252]通过试验研究给出了硅酸盐水泥用量为400kg·m$^{-3}$，$CO_2$浓度为0.03%，相对湿度为50%，假定混凝土暴露时间$t = 100$年时，不同水灰比对碳化深度的影响（图5-15），指出碳化深度与水灰比近似呈指数函数关系。

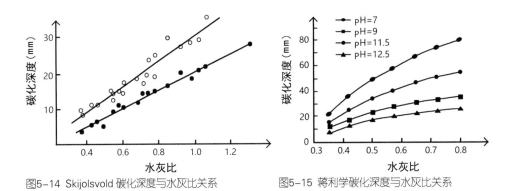

图5-14 Skijolsvold 碳化深度与水灰比关系
（图片来源：文献[251]）

图5-15 蒋利学碳化深度与水灰比关系
（图片来源：文献[252]）

### （2）水泥品种和用量的影响

水泥品种不同意味着水泥熟料矿物成分以及混凝土的渗透性不同，直接影响水泥水化后可碳化物质的含量，对混凝土固碳速率有重要影响。一般说来，普通硅酸盐水泥混凝土要比高强硅酸盐水泥混凝土碳化稍快，掺加其他混合材料的水泥碳化速度更快，混合材料掺量越大，碳化速度越快。相关实验表明，掺有矿渣、火山灰等混合材料的水泥混凝土碳化的情况有所变化。矿渣或火山灰的掺量越大，即水泥熟料含量越低，碳化速度越快。这是因为不掺混合材料时，水泥中的CH含量较大，碳化后提高了混凝土的密实度，使碳化减慢;而掺混合材料时，CH很少，不仅CH碳化，其他含钙的水化物也由于周围CH浓度的降低而分解碳化。也正因如此，掺有混合材料的水泥碳化后由于内部结构有所破坏导致其抗压强度降低。

朱安民[249]的实验结果表明，在快速碳化下，矿渣水泥混凝土比同一水灰比的普通硅酸盐水泥混凝土碳化速度快10%~20%，在室外暴露条件下的实验结果为快50%~90%。颜承越[253]选用了5种水泥进行快速实验，结果表明高强度硅酸盐混凝土碳化速度最慢，矿渣水泥混凝土与普通硅酸盐水泥混凝土碳化速度基本相同。邸小坛[254]在碳化深度模型的预测研究中，对普通硅酸盐水泥的碳化系数取1.0，矿渣水泥取1.3。龚洛书[255]对火山灰和矿渣水泥的系数分别取1.35和1.5。以上实验和模型系数的取值都反映出掺矿渣或火山灰的混凝土较普通硅酸盐水泥混凝土对碳化反应的影响大。

水泥用量直接影响混凝土吸收$CO_2$的量，它关系到水泥的水化程度与混凝土中可碳化物质的量。当水灰比一定时，水泥用量越少，水泥中可与$CO_2$发生反应的物质碳化越快，水泥用量多的混凝土中可与$CO_2$发生反应的物质碳化较慢。增加水泥用量一方面可以改善混凝土的和易性，提高混凝土的密实性；另一方面还可以增大可碳化物质含量，增加混凝土的碱性储备。因此，无特殊条件下，水泥用量越大，碳化速度越慢。许丽萍等[256]对不同水泥用量进行了碳化实验，得出碳化深度与水泥用量的指数成倒数正比关系（图5-16）。Yang KH等[81]根据碳化时间为40年的大量混凝土数据计算出单位体积混凝土已碳化物质成分的质量与水泥用量有直接关系。

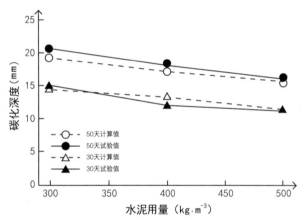

图5-16 水泥用量与碳化深度关系
（图片来源：文献[256]）

### （3）混凝土掺合料的影响

在硅酸盐水泥混凝土中掺入粉煤灰有正负两个方面的作用：一方面由于水泥用量减少，水化反应生成的可碳化物质减少，碱储备降低，致使混凝土吸收$CO_2$的能力降低；另一方面，粉煤灰的二次水化填充效应可显著改善混凝土的孔结构，提高混凝土的密实性，但粉煤灰混凝土早期强度低，其二次水化填充效应未充分发挥，孔结构差，加速了$CO_2$的扩散速度，从而使碳化速度加快。Nagata ki研究了砂浆与混凝土中掺加粉煤灰的碳化现象，结果表明当粉煤灰的含量为10%、20%、30%

时，其与不掺加粉煤灰混凝土的比值分别为1.06、1.13、1.19。沙慧文[257]通过试验与工程调查发现，粉煤灰掺量越大，碳化速度越快，结果见表5-8。以上研究表明，当粉煤灰掺量小于10%时，可忽略其对混凝土碳化深度的影响。

粉煤灰掺量对碳化的影响（碳化时间20a） 表5-8

| 序号 | 混凝土种类 | 水灰比 | 碳化深度（mm） | 碳化深度比值 |
|---|---|---|---|---|
| 1 | 矿渣水泥混凝土 | 0.65 | 21.0 | 1 |
| 2 | 掺10%粉煤灰的矿渣水泥混凝土 | 0.65 | 22.0 | 1.05 |
| 3 | 掺20%粉煤灰的矿渣水泥混凝土 | 0.65 | 25.0 | 1.19 |
| 4 | 掺30%粉煤灰的矿渣水泥混凝土 | 0.65 | 28.0 | 1.33 |
| 5 | 掺40%粉煤灰的矿渣水泥混凝土 | 0.65 | 38.0 | 1.81 |

### （4）骨料品种的影响

混凝土中骨料占其体积的50%以上，在配制混凝土时，对骨料的种类、最大颗粒级配、杂质含量、吸水率等都有严格的要求。粗骨料的粒径越大，在骨料底部越容易形成净浆的离析、沉淀，从而增大混凝土的渗透性，$CO_2$易从骨料—水泥浆胶结面扩散。同时，由于骨料在混凝土中分布的随机性，$CO_2$在混凝土中的扩散会受粗骨料粒径大小的影响。韦克宇[258]通过相关研究分析了粗骨料与碳化深度的影响，证明混凝土中粗骨料的含量越高，骨料对$CO_2$的阻碍作用越大，混凝土吸收$CO_2$的速率越慢。

## 5.3.3 建筑设计因素

### （1）建筑暴露面积

混凝土的暴露面积与建筑中使用混凝土的各个构件有直接关系。目前，混凝土建筑中以楼板、梁、墙、柱为主要的使用构件，各构件因所处建筑内部位置的不同，其与空气接触的表面积不同。其中，楼板的暴露面积为楼板刨除室内混凝土、砌体结构等建筑结构构件的有效面积，楼板的混凝土暴露面积需计算其上、下两部分的有效面积；建筑内部的梁构件与楼板和柱相互连接，在计算梁的混凝土暴露面积时，不应考虑梁与楼板直接连接的上表面和与柱相连的部分有效面积；墙体结构包含建筑的外围护结构和内围护结构，在外围护结构和内围护结构的混凝土墙体中，应考虑窗洞、阳台门、玻璃隔断等开口在墙体混凝土暴露面积的占比，内围护结构一般以剪力墙为主，用砌体结构填充的填充墙因其使用材料的种类、材料的自身性暂不考虑；柱在混凝土结构中占比较大，影响其混凝土暴露面积的为柱的截面形式、层高、所处位置（图5-17）。

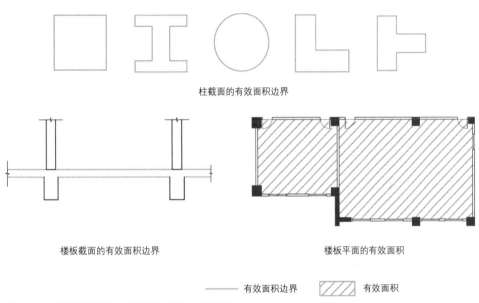

柱截面的有效面积边界

楼板截面的有效面积边界　　　　　　　　　　　　　楼板平面的有效面积

————— 有效面积边界　　　　▨ 有效面积

图 5-17　各结构暴露的有效面积边界和有效面积
（图片来源：文献[268]）

## （2）建筑表面覆盖材料

鉴于人们对生活质量的追求，建筑外的覆盖材料越来越多，混凝土的暴露面积在不同材料的阻挡覆盖下会影响混凝土本身吸收$CO_2$的量。当覆盖层的材料中不含可吸收$CO_2$的碳化物质，则覆盖层在混凝土表面形成保护，阻碍$CO_2$向混凝土内部扩散的过程变得复杂化，混凝土间接表面的$CO_2$浓度降低；当覆盖层中含有可碳化物质，$CO_2$先被覆盖层中的可碳化物质吸收，则直接降低$CO_2$在混凝土中的扩散浓度，从而延迟混凝土的碳化。刘亚芹[260]以水泥砂浆、石灰砂浆和油漆3种覆盖层为试验对象，得出覆盖层厚度与碳化深度成反比关系。研究人员发现气密性低的覆盖层使$CO_2$渗入混凝土的量减少、浓度降低，可提高混凝土的抗碳化性能，并给出不同种类覆盖层材料的延迟系数[261]（表 5-9）。

混凝土覆盖层碳化速率的延迟系数　　　　表 5-9

| 环境 | 覆盖层材料 | 系数 |
|---|---|---|
| 室内 | 无饰面 | 1 |
| | 抹灰 | $0.79 \pm 0.15$ |
| | 砂浆底抹面 | $0.41 \pm 0.23$ |
| | 砂浆 | $0.29 \pm 0.11$ |
| | 砂浆底油漆 | $0.15 \pm 0.11$ |
| | 瓷砖 | $0.12 \pm 0.14$ |
| | 油漆 | $0.57 \pm 0.24$ |
| 室外 | 无饰面 | 1.0 |
| | 砂浆 | $0.28 \pm 0.23$ |
| | 油漆 | 0.8 |
| | 面砖 | $0.07 \pm 0.01$ |

### （3）建筑结构构件混凝土强度类型

建筑结构构件是承担建筑荷载、起支撑骨架作用的构件或由其组成的整体。常见的混凝土结构构件包括板、梁、柱、墙、屋架、基础等。在《混凝土结构设计规范》GB 50010—2010中，对于各部分的结构要求有明确的规定，这里对结构部分不作过多说明，仅就不同结构构件的混凝土强度加以说明。通过总结不同建筑类型对混凝土的强度要求可以发现，一般情况下当设计年限为50年时，不同构件的混凝土强度等级最低为C20，严寒和寒冷地区等级为C30（C25）；设计使用年限为100年时，钢筋混凝土结构对混凝土强度等级要求最低为C30，预应力混凝土结构为C40。

# 5.4 理论模型的推导及参数确定

## 5.4.1 建筑碳汇理论模型的推导

混凝土碳化基本理论认为混凝土属于多孔介质，随着深度越深，$CO_2$浓度越低，当$CO_2$浓度为零时，到达混凝土内部碳化临界点。由$CO_2$在混凝土中的扩散过程满足菲克扩散定律，并呈现线性关系，可知：

$$d=k \cdot \sqrt{t} \qquad (5-16)$$

式中，$d$为碳化深度（mm）；$k$为碳化速率系数（mm·a⁻¹）；$t$为碳化时间（a）。

混凝土的碳汇量与参与反应的化学物质量有关。为了计算能够反应的物质的量，需要明确碳化反应程度。碳化深度能够直观反应碳化速率，通过参与反应的暴露面积可以推算出碳化体积，进而计算参与反应的水泥总质量，用水泥总质量乘以水泥的固碳潜力，即可计算单体建筑的固碳量。即：

$$U_i=\varphi_c \cdot C_p \cdot R_c \cdot d \cdot A \qquad (5-17)$$

式中，$U_i$为单体建筑固碳潜力（kg）；$\varphi_c$为碳化反应程度，当100%完全反应时，$\varphi_c=1$；$C_p$为固碳潜力，即单位质量水泥完全反应吸收$CO_2$的质量与水泥质量的百分比；$R_c$为每立方米的水泥用量（kg·m⁻³）；$d$为碳化深度（mm）；$A$为建筑混凝土总暴露面积（m²）。

## 5.4.2 参数确定

### （1）碳化反应程度（$\varphi_c$）

混凝土在碳化过程中形成的碳化深度存在不同分区，分为完全碳化区、部分碳化区和未碳化区[262, 263]。Parrott在研究混凝土碳化过程时发现在碳化深度还没达到钢筋表面时，混凝土中的钢筋已经开始锈蚀，因此提出了部分碳化区的概念，即混凝土完全碳化区到未碳化区之间的过渡区域。从碳化机理来看，部分碳化产生的原因是混凝土的碳化反应速率落后于$CO_2$的扩散速率。当外界相对湿度较大时，由于混凝土孔隙水较多，$CO_2$的扩散速率滞后于碳化反应速率，从外界扩散进入孔隙的$CO_2$能够迅速被吸收参与碳化反应,部分碳化现象不明显。但随着相对湿度的降低，混凝土孔隙水减少，$CO_2$的扩散速率加快，而碳化反应速率越来越慢，部分$CO_2$未能被及时吸收参与碳化反应，部分碳化现象越来越明显[264]。很多研究也表明，在混凝土碳化过程中，pH由外到内逐渐升高的阶段（即部分碳化区）是客观存在的，尤其是当环境湿度较低时，部分碳化区在整个碳化区域中占主导地位[265]。从理论上讲，未碳化混凝土的pH约为12.5，但由于混凝土中还含有少量K⁺、Na⁺等，实际pH可达13左右。完全碳化的混凝土的pH为7。因此可以通过pH来划分不同的

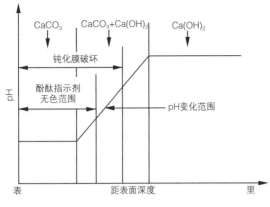

图5-18 混凝土碳化过程及分区
（资料来源：作者改绘）

碳化区域，pH≥12.5的区段为未碳化区，只有$Ca(OH)_2$存在；pH=7的区段为完全碳化区，只有$CaCO_3$存在；而$7 < pH < 12.5$的过渡区段则为部分碳化区，同时存在$Ca(OH)_2$和$CaCO_3$（图5-18）。但从碳化对钢筋锈蚀速度影响的角度看，$9 < pH < 11.5$作为部分碳化区更具有现实意义。考虑到碳化对钢筋锈蚀的影响，混凝土完全碳化区对应的$pH < 9.0$，此区内混凝土完全碳化或碳化程度恒定，钢筋在此区将会被锈蚀；未碳化区，对应的$pH > 11.5$之间，即钢筋钝化膜稳定所要求的pH，钢筋在此区不会锈蚀；部分碳化区，对应的pH在$9.0 \sim 11.5$之间，此区内混凝土的碳化程度随着深度的增加而逐渐变小，若钢筋处在此区域,其表面的钝化膜也将失去稳定性而被锈蚀[266]。

## （2）固碳潜力（$C_p$）

固碳潜力是单位质量水泥吸收$CO_2$的质量与水泥质量的比值，主要影响因素为水泥自身材料。在水泥混凝土中，吸收$CO_2$的主要物质为水泥熟料中的$C_3S$、$C_2S$以及水泥水化后的产物$Ca(OH)_2$、CSH等。Martinez等人[267]研究了不同类型的波特兰水泥，发现固碳潜力与添加剂中$SiO_2$的占比有关，并通过实验给出了不同类型波特兰水泥的固碳潜力计算公式。Xi F[86]、Gajda J[66]、Pade C[77]等以CaO的含量来计算水泥中可碳化物质的质量。因此，水泥参与反应的CaO的质量可以很好地反映单位质量水泥的固碳潜力。CaO是水泥熟料的主要成分，一般情况控制在水泥熟料的60%～68%，《通用硅酸盐水泥》GB 175—2007中对不同种类水泥中熟料占比有明确规定（表5-10）。

水泥中熟料占比情况 　　　　　　　　　　　表5-10

| 水泥品种 | 品类代号 | 组分（%） | | | | |
|---|---|---|---|---|---|---|
| | | 熟料＋石膏 | 粒化高炉矿渣 | 火山灰质混合材料 | 粉煤灰 | 石灰石 |
| 硅酸盐水泥 | P·I | 100 | | | | |
| | P·II | ≥95 | ≤5 | | | |
| | | ≥95 | | | | |

| 水泥品种 | 品类代号 | 组分（%） | | | | |
|---|---|---|---|---|---|---|
| | | 熟料＋石膏 | 粒化高炉矿渣 | 火山灰质混合材料 | 粉煤灰 | 石灰石 |
| 普通硅酸盐水泥 | P·O | ≥ 80且 < 95 | > 5且≤ 20 | | | |
| 矿渣硅酸盐水泥 | P·S·A | ≥ 50且 < 80 | > 5且≤ 50 | | | |
| | P·S·B | ≥ 30且 < 50 | > 50且≤ 70 | | | |
| 火山灰质硅酸盐水泥 | P·P | ≥ 60且 < 80 | | > 20且≤ 40 | | |
| 粉煤灰硅酸盐水泥 | P·F | ≥ 60且 < 80 | | | > 20且≤ 40 | |
| 复合硅酸盐水泥 | P·C | ≥ 50且 < 80 | > 20且≤ 50 | | | |

根据《IPCC国家温室气体清单指南》中给出的数据表明，常用水泥中水泥熟料比例在75%～97%，水泥熟料中含有的CaO的质量分数在60%～67%之间，平均值在65%左右，因此，可以通过水化反应与碳化反应方程式推算出水泥完全碳化的固碳潜力在38.3%～49.5%。

## （3）水泥用量（$R_c$）

水泥用量是指单位体积混凝土中含有的水泥质量。依据《普通混凝土配合比设计规程》JGJ 55—2011对研究区域内各类型建筑常用的混凝土标号等级进行统计，并对不同厂家的水泥样本进行采样，确定各强度等级混凝土中的水泥含量（表5-11）。

不同强度等级混凝土中的水泥含量　　　　　表5-11

| 混凝土等级 | C10 | C15 | C20 | C25 | C30 | C35 | C40 | C45 | C50 | C60 | C80 |
|---|---|---|---|---|---|---|---|---|---|---|---|
| 水泥含量（kg·m⁻³） | 244 | 288 | 321 | 398 | 400 | 402 | 419 | 462 | 491 | 550 | 670 |

## （4）碳化深度（$d$）

环境因素与材料因素共同影响着混凝土碳化深度，国内外学者对其提出了多种计算模型，都是以苏联学者阿列克谢耶夫以菲克第一定律及$CO_2$的扩散性质提出的菲克第二定律为主要理论模型，各类模型中碳化深度与时间的平方根成正比，主要变化因素为碳化速率，即公式（5-16）中$k$值的大小。在多系数的龚洛书模型中，

$k$值与水灰比、水泥用量、骨料种类、粉煤灰占水泥量比、养护方法和水泥品种的影响系数有关；张誉模型中，$k$值为$839(1-RH)^{1.1}\sqrt{\dfrac{W/(\gamma_{\mathrm{C}}C)-0.34}{\gamma_{\mathrm{HD}}\gamma_{\mathrm{C}}{}^{C}}}C_0$，$RH$为环境相对湿度，$C$为水泥用量；混凝土抗压强度的中国科学院模型中，$k$值为$\alpha_1 \cdot \alpha_2 \cdot \alpha_3$($\dfrac{60.0}{f}-1.0$)，$f$为混凝土抗压强度标准值，MPa；$\alpha_1$为养护条件、$\alpha_2$为水泥种类、$\alpha_3$为环境条件修正系数。因此，当确定需要估算的混凝土单体后，可根据实际情况推算出碳化系数与碳化深度。

### （5）暴露面积（$A$）

影响建筑最终吸收$CO_2$量为各混凝土的构件。不同构件其暴露面积不同，计算方式不同，影响因素分析中已对构件影响因素进行相关分析，这里不再考虑。

建筑自身形态对混凝土暴露面积的影响可以从建筑结构类型、围护结构形式与建筑体形系数等方面分析。

1）建筑结构类型

我国混凝土建筑主要适用于多高层建筑，其结构类型可分为框架结构、剪力墙结构、框架—剪力墙结构以及筒体结构。不同建筑结构类型在其结构抗震等级设计时对应不同的最大适应高度。本书以相同平面、相同高度的不同结构类型对混凝土的暴露面积进行探讨。设矩形平面尺寸为30m×18m、框架结构跨度和柱间距均为6m，层高3m为标准层，类推剪力墙结构、框架—剪力墙结构以及筒体结构，如图5–19所示。

假定标准层非结构体系围护结构为非混凝土材料，梁为统一分布，它们的暴露面积可忽略不计。设平面楼板的有效面积$S_0$=建筑面积－结构面积，柱截面周长为$L_0$=2000mm，柱截面尺寸为500mm×500mm，墙体厚度为200mm，则各结构类型的混凝土暴露面积见表5–12。

各结构类型的混凝土暴露面积　　　　　　　　　　　表 5–12

| 结构类型 | 楼板有效面积（m²） | 结构暴露面积（m²） | 总暴露面积（m²） |
|---|---|---|---|
| 框架结构 | 534 | 144 | 678 |
| 剪力墙结构 | 506.84 | 424 | 930.84 |

| 结构类型 | 楼板有效面积（m²） | 结构暴露面积（m²） | 总暴露面积（m²） |
|---|---|---|---|
| 框架—剪力墙结构 | 519.65 | 294.24 | 813.89 |
| 筒体结构 | 526.28 | 233.84 | 760.12 |

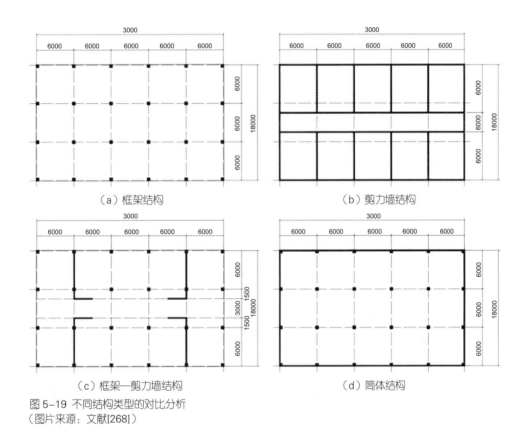

（a）框架结构　　　　　　　　（b）剪力墙结构

（c）框架—剪力墙结构　　　　　（d）筒体结构

图 5-19 不同结构类型的对比分析
（图片来源：文献[268]）

　　通过上表数据可以明显看出建筑的不同结构类型对混凝土的暴露面积具有一定的影响，其混凝土的暴露面积为：剪力墙结构 > 框架—剪力墙结构 > 筒体结构 > 框架结构。在不考虑围护结构时，剪力墙结构因为由横纵墙体系承受荷载和抗剪，使其在混凝土建筑的运用中具有较多的暴露面积，空间布置不灵活，只适用于旅馆、公寓、住宅等建筑类型。框架—剪力墙结构以及筒体结构属同一类型，都是在框架结构中设置部分剪力墙来代替框架，相对于剪力墙体系来说，减少了大部分固定的剪力墙，混凝土结构的暴露面积也相对减少，空间布置较灵活。框架结构因其承重结构为柱，柱的数量和柱截面决定了混凝土的暴露面积，与其他结构体系比较暴露面积最少，但空间布置灵活，适用于办公楼、公共建筑等。

2）围护结构形式

在建筑设计中，我们把建筑分为内围护结构和外围护结构，在不透明围护结构中以墙体、屋面、楼板等为主要体系，其材料组成也多种多样。当围护结构为混凝土材料时，则可以通过内外围护结构的区分对其进行分析。对于内围护结构，其主要功能是分割建筑的内部空间，与建筑使用类型、空间功能分区、建筑使用人数有一定关系，同一平面、同一结构类型的建筑，建筑内部布置的房间数量越多，其围合房间的结构就越多，建筑混凝土的暴露面积就越多。对于外围护结构，建筑的横截面形式以及建筑高度则是其混凝土暴露面积的关键所在。以相同面积的横截面（$S=540m^2$）、相同高度（$h=21m$）的7层框架结构建筑为例，忽略外围护结构的开窗面积，其不同平面形式的外围护结构的暴露面积有较大差异（图5-20）。

对以上各种形式进行计算，由表5-13可知，当建筑底面积相同时，外围护结构的屋面面积相同。建筑平面的形式以圆形和矩形为混凝土暴露面积最少，平面形式变换较多时，例如"H"形平面和"Z"形平面，其突出平面整体性空间较多，混凝土暴露面积较多。

不同平面形式的混凝土暴露面积　　　　　表5-13

| 平面类型 | 外围护结构墙的周长（m） | 外围护结构屋面面积（m²） | 总暴露面积（m²） |
|---|---|---|---|
| 矩形 | 96 | 540 | 2556 |
| "L"形 | 110.4 | 540 | 2858.4 |
| 圆形 | 82.36 | 540 | 2269.56 |
| 三角形 | 105.96 | 540 | 2765.16 |
| "凸"形平面 | 102.4 | 540 | 2690.4 |
| "凹"形平面 | 128 | 540 | 3228 |
| "十"字形平面 | 104 | 540 | 2724 |
| "Z"形平面 | 138.94 | 540 | 3457.74 |
| "V"形平面 | 126.86 | 540 | 3204.06 |
| "H"形平面 | 144 | 540 | 3564 |

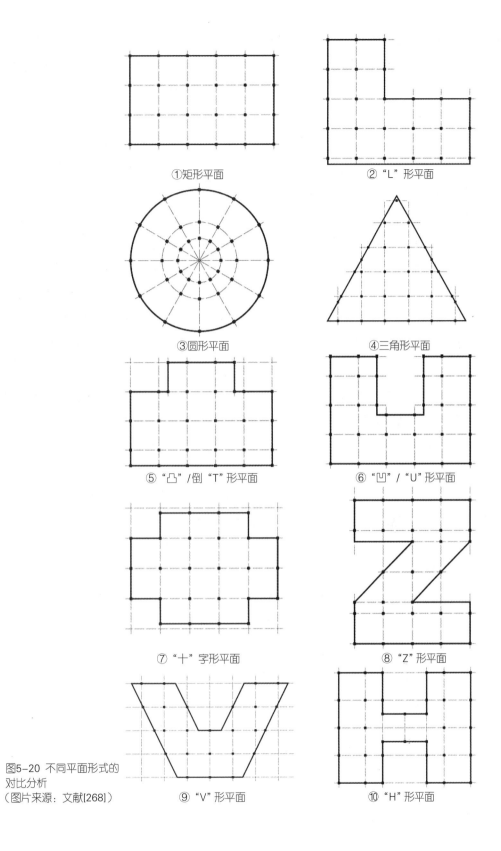

①矩形平面      ②"L"形平面

③圆形平面      ④三角形平面

⑤"凸"/倒"T"形平面      ⑥"凹"/"U"形平面

⑦"十"字形平面      ⑧"Z"形平面

图5-20 不同平面形式的
对比分析
(图片来源:文献[268])

⑨"V"形平面      ⑩"H"形平面

3）建筑体形系数

建筑体形系数是表征建筑单位体积所拥有建筑外围护结构的面积。《严寒和寒冷地区居住建筑节能设计标准》JGJ 26—2010对其的定义为：建筑物与室外大气接触的外表面积与其所包围的体积的比值。外表面积中不包括地面和非采暖楼梯间内墙及户门的面积。在建筑方案设计过程中，建筑体形系数将直接表现为对建筑长度、进深、层高、层数的控制。

# 5.5 本章小结

本章主要从微观实验出发，通过调研选取了4栋典型建筑作为单体建筑代表，采集不同建筑结构构件试样，依据混凝土碳化反应理论与碳化检测实验方法，分析并确定了混凝土构件的固碳能力。首先采用酚酞指示剂区分出各混凝土构件碳化区与未碳化区，再分别用热重实验与EDS能谱实验，通过热差分析与元素占比的对比分析，计算各构件的$CO_2$吸收量，用来表达建筑固碳能力，同时证明建筑混凝土具有碳汇功能。

通过利用CiteSpace软件，分析筛选出混凝土碳化的影响因素，并针对每个影响因素的特点将其分为环境因素、材料因素与建筑设计因素三大类别。在环境因素中，分别探讨了环境温度、环境湿度与环境$CO_2$浓度对碳化的影响，结果发现随着温湿度的升高，碳化速率加快，但这种加快受到一定限制，并不是无限增加的，其中在湿度为40%～60%时，碳化速率较快；$CO_2$浓度对碳化速率的影响较为直接，呈现浓度升高而加快的特点。在材料因素中，探讨了水灰比、水泥品类与用量、掺合料及骨料品种对混凝土碳化的影响，结果表明，碳化深度随着水灰比数值增大而增大，呈现正相关关系，但与水泥用量成反比，水泥用量越大碳化深度越小；掺合料与骨料对碳化的影响相对复杂，主要体现在粒径大小上，一方面受离析、沉淀等影响加快了$CO_2$扩散速度，另一方面骨料也对$CO_2$扩散有一定阻碍作用。建筑设计因素是将混凝土固碳能力扩展到建筑单体的重要衔接，包括建筑暴露面积、表面覆盖材料与建筑构件的混凝土强度等内容，研究表明不同建筑设计的混凝土暴露面积具有一定差异，增大有效暴露面积能够提升建筑的固碳能力。

　　通过分析各因素对建筑固碳影响机制的基础上，根据混凝土碳化机理，以菲克定律与$CO_2$扩散理论为基础模型，推导出单体建筑固碳模型，建立单体建筑固碳量估算方法，并对推导出的模型参数加以说明。

第 **6** 章

城市建筑
碳汇核算模型

城市建筑受人类进步与发展的影响，是城市空间环境的重要组成部分，两者之间相互促进、密不可分。受城市尺度与建筑数量等方面的影响，单体建筑固碳量计算方法在计算城市尺度建筑固碳量时并不能完全适用。遥感技术的发展使城市建筑三维信息获取变得更加方便简洁，通过筛选城市建筑特征变量，在单体模型的基础上建立城市建筑固碳量估算模型能够解决中等区域、城市或城市群尺度的建筑固碳量快速估算问题，为补充人工碳汇系统在城市碳循环中的缺失提供技术支撑。

# 6.1 城市建筑数据来源

## 6.1.1 基本原理及方法

航空事业的发展为遥感影像获取带来了十分便利的条件，边缘提取、图像分割等技术相继应用到遥感影像信息提取中。目前，空间三维信息的获取方式主要有：航空摄影测量、卫星遥测以及机载激光扫描（LiDAR，Light Detection and Ranging）3种方法。信息获取途径可分为两大类：①将影像数据与海拔信息融合起来，提取建筑特征属性，该方法需要DEM、DSM等辅助数据；②利用影像信息与遥感图像相结合，通过建筑屋顶在影像中的光谱特点，结合计算机图像识别方法提取建筑信息，这种方法的应用范围与前景更为广泛。建筑物三维信息提取建立在二维平面提取的基础之上，包括建筑物平面轮廓提取、建筑高度反演与信息复合3个步骤。

## 6.1.2 建筑物平面轮廓提取

建筑物平面轮廓提取所用方法主要有两类：基于建筑物屋顶直线特征的边缘提取方法和面向对象的提取方法。本研究建筑物平面轮廓的提取采用面向对象的提取方法，并利用区域标识和特征量测等技术进行建筑物二维信息的提取。其主要技术流程分为图像预处理、边缘检测、边缘连接、阴影植被去除、图像二值化、区域标识、特征量测和区域分割几个步骤，最后对图像进行后期处理，矢量化入库并计算建筑物的基底面积。

## （1）图像预处理

在对影像进行分割前，为了提高影像质量则要对原始影像进行适当的预处理。本研究主要采用滤波处理，为了去除图像噪声和个别孤立点，利用均值滤波和中值滤波对原始影像进行平滑处理。在分割之前，为了尽可能去除无用背景对分割结果的影响，先设定一个相对较低的灰度阈值，把低于该阈值的灰度值设为零，这样可以过滤掉部分干扰因素；然后将经过预处理后得到的图像作为要进行目标分割的图像。

## （2）边缘检测

边缘的类型多样,在本研究的试验图像上主要是阶跃型边缘。阶跃型边缘定位于其一阶导数的局部极值点，因此可以采用图像的一阶导数（梯度）进行边缘检测。常用的梯度算子有Roberts算子、Sobel算子、Prewitt算子等。通常可以根据图像特征选择合适的梯度算子进行检测。

## （3）边缘连接

前面的边缘检测处理过程仅仅得到处在边缘的像素点，而并非真正意义上的"边缘"。此外，由于噪声和不均匀照明产生的边缘间断以及由于引入虚假亮度间断所带来的影响，使得边缘检测得到的像素点很难形成一个完整的边缘。因此，边缘连接过程是十分有必要进行的，并且要紧跟在边缘检测之后进行。

## （4）阴影植被去除

图像的阴影信息基本可以通过密度分割法和监督分类法获得，而利用归一化植被指数$NDVI$可以有效地提取试验数据上的植被信息，其计算公式为：$NDVI=(NIR-R)/(NIR+R)$。通过两幅图像的直方图统计结果，选择合适的阈值，得到两幅二值图像。将这两幅二值图像进行逻辑"并"运算，然后与上面边缘检测和边缘连接处理后的图像进行逻辑"与"运算，这样便可以很好地去除图像上的建筑物阴影和植被等干扰因素。

## （5）图像二值化

得到经过去除干扰因素（阴影、植被）的边缘检测图像后，就要进行梯度图像的阈值化处理。借助直方图分析和人机交互的方式确定合适的阈值，会发现只有大多数的边缘点高于阈值，目标物及背景值都低于阈值；然后就可以把低于该阈值的像元赋值为1，而高于该阈值的像元（即边缘像元）赋值为0，这样就可以得到黑白翻转后的二值化图像。

### （6）区域标识

区域标识过程是对独立区域进行统计处理和特征量测的关键步骤。二值图像在经过初步分割之后被分为一系列区域，然而建筑物目标区域与噪声区域还要进一步进行区分。因此，要对图像中的所有独立区域进行标识，然后才能够进行区域的特征测量，提取建筑物目标。

### （7）特征量测和区域分割

基本的图像测量方式主要是量测图像的形状。通常，图像上周长、面积、最长轴、方位角等参数是目标区域几何形状的主要参数。本研究选定面积特征进行建筑目标的特征量测。根据区域标识结果，通过计算出各个区域所包含的像素个数对图像中的目标区域进行面积特征量测。选定能够度量区域大小的面积特征参数来去除小目标和孤立点，留下那些最有可能是建筑物的大小合适的区域。这里可以根据图像分辨率、不同区域等实际情况来调整确定合适的阈值。

## 6.1.3 建筑高度反演

建筑物高度的提取采用目前很成熟的阴影长度法，即通过高分辨率遥感影像垂直于建筑物阴影的阴影长度来反演。首先采用人机交互式的计算机方法来提取垂直于建筑物的阴影长度，这种半自动提取方法需要先计算角点最近距离，然后进行长度和角度筛选，最后进行统计平均，并将提取出的阴影长度矢量化入库。接下来根据之前实测的建筑物高度来反演阴影长度和建筑物实际高度的关系系数，最后将矢量化的阴影长度乘以反演的系数得到阴影反演建筑物的高度，根据高度范围来划分建筑的层数。原理如下：高分辨率遥感影像的优势性，使得利用高分影像来提取城市建筑物的地理位置、面积、高度等一些基本属性信息成为可能；而建筑物的阴影起到了重要作用，通过提取建筑物的阴影就可以计算其投影长度，然后再通过卫星、太阳、建筑物和阴影的相对几何位置关系进行三角函数求算，进而计算得到建筑物的高度等属性信息。

设建筑物的高度为$H$，建筑物阴影的实际长度为$S$，建筑物阴影可见长度为$L_2$，

卫星高度角为 $\alpha$，太阳高度角为 $\beta$。

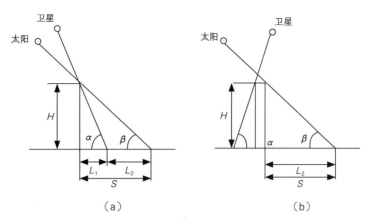

图6-1 研究区域建筑高度反演方法
（图片来源：作者改绘）

如图6-1（a）所示，当卫星和太阳的方位相同时，即卫星和太阳位于建筑物的同一侧时，建筑物阴影的实际长度 $S=H/\beta$，遥感图像上可见的阴影长度为：

$$L_2 = S - L_1 = H/\tan\beta - H/\tan\alpha \tag{6-1}$$

可以求得这种情况下，建筑物高度 $H$ 和可见阴影长度之间的关系公式为：

$$H = L_2 \times \tan\alpha \times \tan\beta / (\tan\alpha - \tan\beta) \tag{6-2}$$

如图6-1（b）所示，当卫星和太阳的方位相反时，即卫星和太阳位于建筑物两侧时，建筑物阴影的实际长度 $S$ 和遥感影像上可见的阴影长度 $L_2$ 相等，此时 $L_1=0$。所以这种情况下建筑物高度 $H$ 和可见阴影长度之间的关系公式为：

$$H = L_2 \times \tan\beta \tag{6-3}$$

综合对以上两种情况的分析可以明确通过阴影求建筑物高度的两种方法：①如果已知遥感卫星影像中卫星的相关参数信息，如太阳高度角、太阳方位角和卫星高度角等，便可结合遥感影像中建筑物阴影的可见长度利用公式（6-2）和公式（6-3）求出建筑物的实际高度；②如果遥感卫星影像中的卫星参数未知，在这种情况下，由于同一幅遥感卫星影像内的卫星参数信息相同，故设：

$$K_1 = \tan\alpha \times \tan\beta / (\tan\alpha - \tan\beta) \tag{6-4}$$

$$K_2 = \tan\beta \tag{6-5}$$

无论在哪种情况下，$K_1$和$K_2$都为常数：

$$H = L_2 \times K_i \, (i = 1, 2) \qquad\qquad （6-6）$$

建筑物的实际高度与其在遥感图像中在太阳光投射方向上的阴影长度成正比。在这种情况下，可以通过获得当地某一建筑物的实际高度来反求$K_i$，从而计算出其他建筑物的实际高度信息。前期大量实地采样的楼高信息既可以用来反演参数$K_i$，也可以用来检测验证反演的结果。

阴影的提取采用了ENVI 软件Feature Extraction 插件，基本可以自动提取出建筑物阴影信息，阴影的长度计算用分辨率乘以像元数来获得。

## 6.1.4 信息复合

在完成对建筑高度的反演后，需要对反演结果进行检验。一般采用Barista软件检验利用阴影提取的建筑高度的准确性。通过对比实测建筑高度误差与Barista方法的相对误差可以发现，阴影高度反演方法推算的建筑高度与平均实际高度误差为3.4m，准确度达85%，可达到与Barista方法相近的精度，并具有更加快速、便捷的优势。

# 6.2 沈阳市三环内建筑现状分析

## 6.2.1 建筑存量分析

20世纪50年代—20世纪70年代前期，在计划经济体制下，沈阳市房地产业没有足够发展空间，建成的房屋多以平房和低矮的楼房为主，人均住房面积小，居住和办公环境差。1978年，我国开始了从计划经济体制向市场经济体制的转变，房地产业蓄势待发。到20世纪80年代中期，由于沈阳市市民对住房的需要和对改善居住环境的需要逐渐提高，沈阳市年房屋竣工数量在波动中上升，1988年出了一次年竣工量的高峰。从20世纪90年代起，沈阳市建筑业进入高速发展时期，1995年沈阳市建筑年竣工数量出现了又一次高峰。2000年开始，随着城市化步伐的加快，建筑业进入迅猛发展时期，沈阳市年房屋竣工量急剧增加。2006年，迎来了建筑竣工的高峰期，年竣工量达2771.0万m²，其中公共建筑在一半以上。此后建筑竣工量逐年下降，迎来建设的一个低谷期，直至2010年，建筑竣工量才有所恢复。至此之后，建筑竣工量中住宅比例明显增加。截至2018年年底，沈阳市既有房屋建筑近3.6亿多平方米，既有居住房屋面积达2.3亿多平方米，占既有房屋面积的63.88%。

通过分析1981—2018年沈阳市建筑年竣工面积变化状况（图6-2），可以得出以下结论：

（1）新建住宅量逐年增加，在2000年后呈现迅猛增长态势，在2006年达到第一次增长高峰，此后有所回落，在2012年迎来第二次爆发式增长。之后竣工住宅量呈现震荡态势。

（2）以2010年为明显时间节点，此前竣工房屋中公共建筑比例较高，说明公共建筑在人们日常生活中重要性的提高。此后住宅比例较高，说明商品房市场日趋成熟，城市居民对居住品质的要求逐步提升。

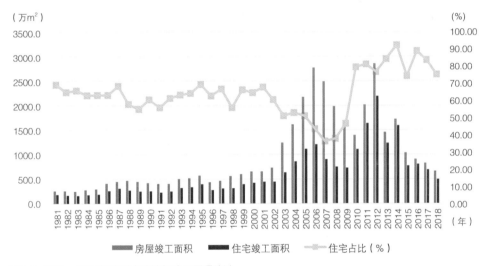

图6-2 1981—2018年沈阳市建筑年竣工面积统计

## 6.2.2 建筑类型分析

《建筑设计原理》中按照建筑的使用功能，将建筑分为民用建筑、工业建筑和农业建筑三大类，民用建筑按使用功能又分为居住建筑和公共建筑两大类（表6-1）。在研究区域范围内以民用建筑为主，含有少量工业建筑。

民用建筑分类                                                                    表6-1

| 分类 | 建筑类别 | 举例 |
|---|---|---|
| 居住建筑 | 住宅建筑 | 住宅、公寓等 |
| | 宿舍建筑 | 职工宿舍/公寓、学生宿舍/公寓 |
| 公共建筑 | 教育建筑 | 中小学校、高等院校、职业学校等 |
| | 办公建筑 | 党委、政府、企事业单位办公楼等 |
| | 科研建筑 | 实验楼、科研楼、设计楼等 |
| | 文化建筑 | 电影院、图书馆、博物馆、展厅等 |
| | 商业建筑 | 大型商业综合体、宾馆、洗浴中心等 |
| | 服务建筑 | 银行、邮局、殡仪馆等 |
| | 体育建筑 | 体育馆、游泳馆、健身馆等 |
| | 医疗建筑 | 综合医院、急救中心、疗养院等 |
| | 交通建筑 | 客运站、港口、航空港等 |
| | 纪念性建筑 | 纪念馆、名人故居等 |
| | 园林建筑 | 动物园、旅游景点建筑等 |

在城市尺度上使用民用建筑分类进行建筑类别统计并不十分便利，因此本研究以用地分类作为建筑分类的依据，对研究区域内的建筑重新划分，将其分为五类，分别为居住建筑、工业建筑、商业建筑、公共服务类建筑和其他建筑（表6-2）。

研究区域内的建筑类型                                                            表6-2

| 分类 | 说明 |
|---|---|
| 居住建筑 | 是指专供居住的房屋，包括别墅、公寓、职工家属宿舍和集体宿舍（包括职工单身宿舍和学生宿舍）等，但不包括住宅楼中用作人防而不住人的地下室等，也不包括托儿所、病房、疗养院、旅馆等具有专门用途的房屋 |
| 工业建筑 | 是指主要用于工业生产、物资存放的房屋，包含仓库与工业性质的公司 |
| 商业建筑 | 以大型商店、商场为主的从事商业活动的建筑，包括度假村、酒店、银行、饭店等 |
| 公共服务类建筑 | 是指大型学校、图书馆、医院与医疗机构、政府行政办公类建筑、科研机构建筑以及为市民提供文化、体育、服务等功能的建筑，包括体育馆、影剧院、博物馆、展览馆、银行、邮局等 |
| 其他建筑 | 除了以上4类的其他建筑物 |

对研究区域内建筑调研发现，研究区域内建筑总计109225栋（图6-3）。研究区域内以居住建筑为主，共计76367栋，占比达69.77%，其他建筑类型分别为工

居住建筑    ■工业建筑    ■商业建筑    公共服务建筑    其他建筑

图6-3 研究区域内建筑类型数量统计

业建筑11598栋，商业建筑7294栋，公共服务类建筑11790栋，其他建筑2206栋。
研究区域内不同建筑类型具有明显的空间分布特征。居住建筑分布较集中且占地面
积较广，基本均匀分布在研究区域内，在靠近研究区域边缘居住建筑分布数量略减
少。与居住建筑呈现相反分布态势的为工业建筑，仅在城市边缘区有部分工业建筑
分布，这符合一般城市对工业区的选择方式。商业建筑与公共服务类建筑在研究
区域内的分布特点较相近，都是在局部形成相对集中的分布态势。其他建筑数量较
少，零星分布在研究区域内（图6-4）。

图6-4 研究区域内建筑类型空间分布

## 6.2.3 建设年代分析

建筑年代信息是能够代表建筑建设时间与建设背景的重要信息之一，本研究以建筑物达到竣工验收标准并交付使用的时间为准。建筑年代按照由远及近分为6个等级，分别为：Ⅰ级：1949年及以前建设的建筑；Ⅱ级：1950—1979年建设的建筑；Ⅲ级：1980—1989年建设的建筑；Ⅳ级：1990—1999年建设的建筑；Ⅴ级：2000—2009年建设的建筑；Ⅵ级：2010—2019年建设的建筑。中华人民共和国成立前的建筑特点以保留建筑为主，中西建筑风格相互渗透融合。中华人民共和国成立后至改革开放时期，建筑业发展总体缓慢，建筑风格以清新质朴为主要格调，具有明显的时代特点。改革开放后，随着经济快速提升，建筑业得到迅猛发展，建筑风格由狭隘、封闭的单一模式向多元、开放的方向转变。

通过查阅资料，利用互联网信息获取沈阳市房产局商品房信息数据，并结合现场调查等多种方式整合建筑年代信息，通过GIS空间处理方法将建筑年代空间分布可视化表达出来（图6-5）。通过分析可以发现，沈阳市建筑以近40年建设为主，其中中心区多为20世纪80年代建设完成的建筑，中间掺杂部分新建建筑，多为老旧小区拆迁后的新建住宅。同时，建筑年代的空间分布也从侧面反映出城市的扩张变化。

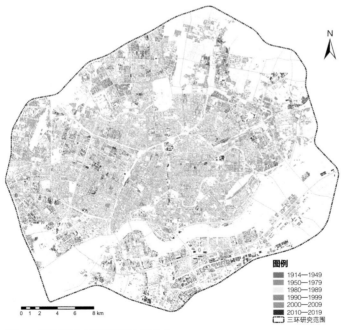

图6-5 研究区域内建筑年代空间分布

## 6.2.4 建筑结构分析

建筑结构是建筑的核心框架，根据建筑主要承重构件可以分为砖木结构、砖混结构、钢筋混凝土结构、钢结构与其他结构（竹结构、砖拱结构）等结构类型。

砖木结构建筑的承重构件为砖木，一般为竖向承重结构，如墙体、柱等采用砖砌形式，水平承重的楼板、屋架等采用木质结构。这类建筑一般都在3层以下，以古建筑及20世纪五六十年代的建筑居多。砖混结构建筑的竖向承重结构与砖木结构基本相同，主要为砖墙或砖柱，而横向承重结构以混凝土楼板为主。一般建筑在六层以下，造价相对低廉，但抗震性能较差，建筑内的开间与进深及层高受限较严重。钢筋混凝土结构建筑的承重构件主要由钢筋和混凝土两大材料构成，包括梁、板、柱、墙等。围护结构如外墙、隔墙等一般由砌体组成，具有适应性强、抗震性良好、耐久性长等优势。这类建筑结构还可细化为框架结构、框架－剪力墙结构、剪力墙结构、筒体结构、框架筒体结构与筒中筒结构等，可针对不同建筑功能特点与形式需要选择适合的结构体系。钢结构建筑的主要承重构件为钢材，成本相对较高，但原材料具有循环使用的特点，有利于环保和可持续发展。钢结构可以满足大跨度与高度较高结构的需求，一般在多层跨度大的公共建筑中较为常见。凡是不属于以上结构的建筑都属于其他结构，这类建筑大多具有较强的地域特色，如竹结构在我国南方、东南亚等地区较为常见，而窑洞则具有明显的黄土高原特点（图6-6）。

图6-6 不同结构类型建筑示意
（a）砖木结构；（b）砖混结构；（c）钢筋混凝土结构；（d）钢结构；（e）竹结构；（f）窑洞
（图片来源：网络）

按照多层、高层建筑宜采用的结构体系（表6-3）对沈阳市现有建筑中的钢筋混凝土结构情况进行进一步细化，将沈阳市建筑类型分为砖混结构、框架结构、剪力墙结构、框架-剪力墙结构、筒体结构、钢结构与其他结构。

多层、高层建筑宜采用的结构体系                                    表6-3

| 建筑性质 | 建筑高度 | |
|---|---|---|
| | ≤ 50m | > 50m |
| 住宅 | 剪力墙（框架-剪力墙） | 剪力墙（框架-剪力墙） |
| 旅馆酒店 | 剪力墙（框架）、框架-剪力墙 | 剪力墙、框架-剪力墙、筒体 |
| 公共建筑 | 框架-剪力墙、框架 | 框架-剪力墙、筒体 |

## 6.2.5 建筑高度分析

建筑高度是判断建筑性质的重要指标依据，在不同设计规范中对建筑高度有不同要求与分类方法。在《民用建筑设计统一标准》GB 50352—2019中，对建筑层数分别按照住宅建筑、公共建筑与超高层建筑进行分类，规定如下：

（1）建筑高度不大于27.0m的住宅建筑、建筑高度不大于24.0m的公共建筑及建筑高度不大于24.0m的单层公共建筑为低层或多层民用建筑。

（2）建筑高度大于27.0m的住宅建筑和建筑高度大于24.0m的非单层公共建筑，且高度不大于100.0m的，为高层民用建筑。

（3）建筑高度大于100.0m为超高层建筑。

在《住宅设计规范》GB 50096—2011中，一般将住宅划分为以下几个层次：10层以下住宅；10~18层住宅；19层及19层以上住宅。

在《严寒和寒冷地区居住建筑节能设计标准》JGJ 26—2010中，主要将建筑层数划分为两类：小于等于3层和大于等于4层。

在《办公建筑设计标准》JGJ/T 67—2019中，将办公建筑按高度分为三类：低层或多层办公建筑：$H \leq 24m$；高层办公建筑：$24m < H \leq 100m$；超高层办公建筑：$H > 100m$。

各个规范中的规定受研究对象与时代的影响，具有一定的差异，针对本书的研究内容，结合各项规范要求，将建筑高度进行如下划分：住宅建筑层数划分：低层住宅：1~3层；多层住宅：4~6层；小高层住宅：7~18层；高层住宅：≥19层。公共建筑及综合性建筑划分：多层：$H \leq 24m$；高层：$24m < H \leq 100m$（不包括单层主体建筑）；超高层：$H > 100m$。工业建筑：单层厂房；多层厂房：2~6层；混合型厂房。

建筑高度共分为四个等级，Ⅰ级为低层（$H \leq 10m$），Ⅱ级为多层（$10m < H \leq 24m$），Ⅲ级为高层（$24m < H \leq 100m$），Ⅳ级为超高层（$H > 100m$）。根据遥感影像高度反演，按照建筑高度分类，可以发现研究区域内建筑高度分布如图6-7所示。

图例
■ 0.000000-10.000000
　 10.000001-24.000000
　 24.000001-100.000000
■ 100.000001-330.600006
□ 三环研究范围

0 1 2　4　6　8 km

图6-7 研究区域内建筑高度空间分布图

## 6.2.6 建筑容量分析

通过在ArcGIS中提取遥感影像中的建筑轮廓与建筑高度信息，可以计算出建筑容量的大小。为了更清晰地了解城市建筑容量在空间上的分布情况，本书采用自然断点法将研究区域内的建筑容量由小到大分为5个等级。如图6-8所示，研究区域内建筑容量在Ⅱ级、Ⅲ级、Ⅳ级较多且分布较均匀。Ⅴ级在分布上表现出局部集聚的特点，而Ⅰ级多分布在研究区域边缘位置，在中心地带出现较少。

图6-8 研究区域内建筑容量空间分布图

图例
■ I 级
■ II 级
□ III 级
■ IV 级
■ V 级
[::] 三环研究范围

0 1 2   4   6   8 km

# 6.3 不同类型建筑有效面积测算

建筑暴露面积并不同于建筑面积，它是建筑混凝土各个结构（墙体、楼板、梁、柱等）暴露面积的总和，包括室内空间、室外空间以及地下空间。不同类型、不同体量的建筑暴露面积存在较大差异，本研究根据各类建筑类型空间特点，研究其暴露面积与常规建筑信息（建筑底面积、底边周长、高度等）的关系，建立一种简便有效的建筑暴露面积的提取方法。

## 6.3.1 居住建筑

在相同基底面积与建筑高度条件下，居住建筑的暴露面积与住宅套型中各功能房间的开间、进深尺寸有关，房间数目越多，其暴露面积越大。随着房间数目增多，每个功能房间的使用空间会越小，但当空间小到一定程度时，将不能满足人的活动需求。因此，以人的舒适程度为划分标准，将各功能单元划分为"适用型""舒适型"和"高舒适型"三个等级，并分别探讨其暴露面积与建筑面积的关系。每套住宅的功能房间大致可分为主卧室、次卧室（客房）、书房（儿童房）、起居室、餐厅、厨房、卫生间、楼梯间8种，每类房间的开间与进深均有合理尺寸。对应舒适等级，可以得到各功能房间开间、进深、建筑面积及有效周长等相关信息（表6-4）。

各功能房间舒适等级划分及尺寸信息　　　　　表6-4

| 编号 | 名称 | 舒适等级 | 开间（m）×进深（m） | 建筑面积（m²） | 使用面积（m²） | 有效周长（m） |
|---|---|---|---|---|---|---|
| A | 起居室 | 1 | 3.9×4.5 | 17.55 | 15.12 | 15.6 |
| | | 2 | 4.5×5.1 | 22.95 | 20.16 | 18.0 |
| | | 3 | 5.1×6.6 | 33.66 | 30.24 | 22.2 |
| B | 餐厅 | 1 | 3.3×4.5 | 14.85 | 12.6 | 14.4 |
| | | 2 | 3.6×4.8 | 17.28 | 14.85 | 15.6 |
| | | 3 | 3.9×5.1 | 19.89 | 17.28 | 16.8 |
| C | 厨房 | 1 | 3.6×1.8 | 6.48 | 4.95 | 9.6 |
| | | 2 | 2.1×3.9 | 8.19 | 6.48 | 10.8 |
| | | 3 | 2.7×4.2 | 11.34 | 9.36 | 12.6 |
| D | 卫生间 | | 2.1×3.6 | 7.56 | 6.46 | 10.6 |
| E | 主卧室 | 1 | 3.6×4.8 | 17.28 | 14.85 | 15.6 |
| | | 2 | 3.9×5.1 | 19.89 | 17.28 | 16.8 |
| | | 3 | 4.2×7.5 | 31.5 | 28.08 | 30.0 |
| | | | 4.5×7.8 | 35.1 | 31.5 | 34.8 |
| F | 次卧室（客房） | 1 | 3.3×4.5 | 14.85 | 12.6 | 14.4 |
| | | 2 | 3.6×4.8 | 17.28 | 14.85 | 15.6 |
| | | 3 | 3.9×5.1 | 19.89 | 17.28 | 16.8 |

| 编号 | 名称 | 舒适等级 | 开间（m）× 进深（m） | 建筑面积（m²） | 使用面积（m²） | 有效周长（m） |
|---|---|---|---|---|---|---|
| G | 书房（儿童房） | 1 | 3.0 × 4.2 | 12.6 | 10.53 | 13.2 |
| | | 2 | 3.3 × 4.5 | 14.85 | 12.6 | 14.4 |
| | | 3 | 3.6 × 4.8 | 17.28 | 14.85 | 15.6 |
| H | 楼梯间 | | 2.6 × 5.8 | 15.08 | 20~22 | 16.8 |
| | | | 2.7 × 6.8 | 18.36 | 35~40 | 19.0 |
| I | 电梯间 | | 2.7 × 2.4 | 6.48 | | 10.2 |

注：1为适用等级，2为舒适等级，3为高舒适等级。

　　将每个功能空间看作建筑内部孔隙，建筑内部的暴露面积即为所有孔隙表面积之和。住宅内部空间受布局与房间功能、设计理念等相关因素影响，将表6-4中的各项数据进行有序组合，共得到224组户型数据。通过回归拟合，可以发现建筑内部空间的有效周长与建筑面积之间存在函数关系（图6-9），其中幂函数关系的$R^2$值最大，为0.974，得到有效周长与面积的关系式，即有效周长=1.385×建筑面积$^{0.921}$。

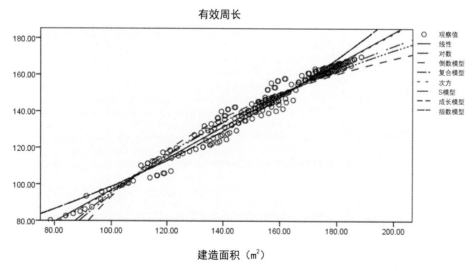

图6-9 建筑内墙暴露面积与建筑面积的回归方程
（图片来源：软件制图）

受建筑高度的影响，建筑结构在选择上具有一定的差异。按照居住建筑的层数分类，低层与多层居住建筑以框架结构为主，小高层及高层居住建筑以剪力墙结构为主。低层与多层建筑内部暴露面积主要与建筑基底面积有关，原因在于除了梁、柱外，其余建筑内墙以砌体填充为主，而仅有楼板属于承重结构。小高层与多层建筑内部暴露面积不仅受建筑基底面积影响，由于剪力墙作为承重结构，内墙中剪力墙占比成为另一个影响建筑内部暴露面积的重要因素。通过对沈阳市近50个小区的千余栋建筑的图纸测算，在高层及小高层建筑中，剪力墙在内墙中的占比在38%~42%。

## 6.3.2 工业建筑

工业建筑种类繁多，按照生产用途可以分为生产及辅助生产的厂房建筑，宿舍、食堂、办公楼等配套建设的附属建筑。工业厂房是工业建筑的主体，按照其结构类型可以分为单层厂房与多层厂房。其中多层厂房以轻工业、电子、仪表、通信、医疗等行业为主，建筑层数不会很高，层高在5~6m，以框架结构为主。机械加工、冶金、纺织等行业多数为单层厂房，其长度、宽度和高度须满足建筑模数要求与工艺需求，高度一般在6m以上，也有部分厂房高度在30~40m，而吊车厂房需根据吊车与被吊物体高度进行计算。

沈阳市工业建筑包括冶矿、机械、铸造、化工、印刷、制药、通信、食品加工以及高薪产业园区等。其中厂房部分按照结构划分为单层厂房与多层厂房。单层厂房混凝土部分的暴露面积主要为建筑基础与底层的水泥砂浆，而多层厂房暴露面积主要是各层的楼板部分，与建筑基底面积有关。其他附属建筑包括办公楼、宿舍等建筑按照对应的同类型建筑计算暴露面积。

## 6.3.3 商业建筑

商业建筑包括商业街、购物中心、复合商业综合体、百货商店、超级市场、专业商店、酒店写字间等。结合各类商业建筑结构特点与建筑高度，将商业建筑分成三类，即大型商场、多层网点与高层酒店写字间。

大型商场一般不超过6层，结构体系以框架结构为主，其暴露结构主要为建筑楼板，因此其暴露面积主要受建筑面积影响。还有部分大型商场属于大跨度结构，一般多用作大型的批发零售市场或综合性购物中心顶层，其自重轻、跨度大的特点能够满足大跨度的需要。多层网点一般以步行商业街为主，空间形态包括开敞式、骑楼式、拱廊式、架空式等。建筑结构受商业街性质影响，改造的步行商业街建筑与原建筑保持一致，多为砌体结构或框架结构，新建商业街大多为框架结构。在计算暴露面积时，以建筑建设时间为依据，区分建筑结构体系。高层酒店写字间的结构形式一般为框架—剪力墙结构、框筒结构、剪力墙结构等，有少部分为钢架结构或板柱结构，底层空间暴露面积受建筑内部空间变化影响较大，通过实地调研并结合建筑结构与选型方案中的常用比例，剪力墙数量一般为5~12cm·m$^{-2}$。

## 6.3.4 公共服务类建筑

公共服务类建筑包括日常办公的办公楼，教育科研的学校教学楼、实验楼、图书馆等，文化娱乐类的文化活动中心、美术馆、博物馆、展览馆等，单独设置的剧院、音乐厅、电影院等，体育活动类的体育馆与训练基地，医疗卫生类的综合医院、社区服务中心、防疫站等以及为社会提供福利的慈善机构、福利院、养老院等。每类建筑自身功能属性比较突出，难以进行统一的归类处理，因此在计算各类建筑暴露面积时，弱化其功能特点，将建筑结构属性与空间尺度特征作为分类依据，对其进行重新划分，包括办公服务类建筑与大跨度服务类建筑两类。

办公服务类建筑包括各级党政机关、人民团体、事业单位和工矿企业行政办公楼，为专业单位办公使用的科学研究、设计、商业贸易等行业的办公楼，综合医院的住院部，疗养院以及社会福利院等建筑。按照建筑高度分为多层办公服务建筑、高层办公服务建筑与超高层办公建筑。多层办公服务建筑以框架结构为主，承重结构暴露面积以楼板为主，受建筑面积影响。高层办公服务建筑以框架—剪力墙或剪力墙结构为主，建筑暴露面积包括楼板与剪力墙两部分，其在很大程度上受功能尺度影响。超高层办公建筑一般为框架—核心筒结构或筒中筒结构。一般高层办公楼核心筒占标准层面积在20%~30%之间，核心筒的要素组成包括垂直交通、转换空间、功能空间与设备用房（表6-5），在进行面积核算时，需要考虑各空间尺度与个数，最终确定有效面积。

核心筒要素分类表                                                                          表6-5

| 核心筒要素 | 名称 | 说明举例 |
|---|---|---|
| 垂直交通 | 楼梯 | 双跑梯、剪刀梯 |
| | 电梯 | 客梯、货梯、观光梯、消防梯 |
| 转换空间 | 前室 | 楼梯前室、消防电梯前室、合用前室 |
| | 电梯厅 | |
| 功能空间 | 布草间 | — |
| | 公共卫生间 | — |
| | 茶水间 | — |
| 设备用房 | 管井 | 水、暖、电、送风、排风、排烟 |
| | 空调设备房 | 空调机房、新风机房 |

大跨度服务类建筑以体育馆、影剧院、文化活动中心、美术馆、博物馆、展览馆等为主，这类建筑功能复杂多样，结构形式为满足大空间的特点，一般选取刚架、桁架、壳体、网壳、网架、悬索、张弦梁与索—膜结构等。在计算这类建筑暴露面积时，仅考虑建筑楼板有效面积，其余结构不计算在内。

## 6.3.5 其他建筑

其他建筑是指以上四类以外的建筑。其中仓储建筑按照工业建筑处理，其余建筑暴露面积仅计算楼板暴露面积，其余结构忽略不计。

内墙承重结构有效面积计算表（表6-6）中总结了各类建筑内墙承重结构有效面积的计算公式，通过对建筑不同功能类型分类筛选，计算得到建筑内部有效暴露面积。

内墙承重结构有效面积计算表                                                                表6-6

| 建筑类型 | 二级类别名称 | 计算公式 |
|---|---|---|
| 居住建筑 | 别墅洋房 | — |
| | 多层住宅 | — |
| | 小高层与高层 | $A=0.4 \times H \times 1.385 \times Fla^{0.921}$ |

| 建筑类型 | 二级类别名称 | 计算公式 |
|---|---|---|
| 工业建筑 | 厂房 | — |
| | 车间库房 | — |
| 商业建筑 | 大型商场 | — |
| | 多层网点 | — |
| | 高层酒店 | $A=0.102 \times 2 \times H \times Fla$ |
| 公共服务类建筑 | 多层办公服务建筑 | — |
| | 高层办公服务建筑 | $A=0.083 \times 2 \times H \times Fla$ |
| | 超高层办公建筑 | $A=\alpha \times H \times Fla$ |
| | 大跨度服务类建筑 | — |
| 其他建筑 | 附属及临时建筑（多层） | — |

注：$Fla$ 为建筑基底面积；$H$ 为建筑层高。

# 6.4 城市建筑固碳模型确定

## 6.4.1 典型街区选择

### （1）样地选择与调查

根据建筑类型、有效暴露面积、混凝土强度等因素，将研究区域内建筑分为五大类十小类，采用按比例分层抽样的方式布设样地255块，其中居住类170块、工业类27块、商业类23块、公共服务类30块以及其他类5块，各类样地按照随机抽样的方式进行选择（图6-10）。

调查时，对每块样地情况进行记录，包括地块用地性质、建筑密度、容积率等地块建设信息，以及地块内建筑自身情况如建筑类型、建筑基底面积、建筑结构、建设时间等，并利用Barista软件对实测建筑进行三维信息提取，用于检验利用阴影提取的建筑高度的准确性。验证结果表明，提取的建筑高度与实测建筑高度之间的误差在2.3~2.8m，准确度在85%以上，与软件提取结果的相对误差在0.3m，准确度在97%左右。

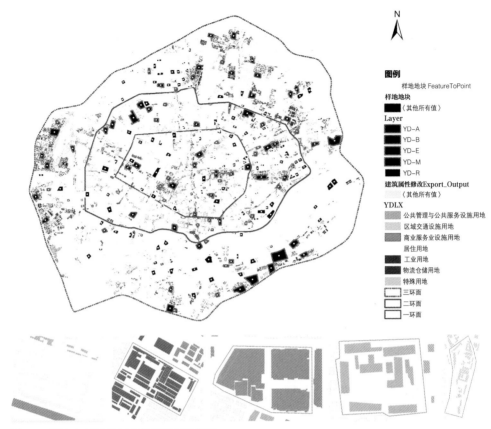

图6-10 样地大小位置分布图与样地属性举例

## （2）样地调查结果与分析

从样地调查的统计结果来看，本次调查选择的样地类型和比例与研究区域内的建筑用地占比及建筑类型占比十分相似，见表6-7、表6-8，具有很好的代表性与示范性。

样地占地面积信息统计                 表6-7

| 用地类型 | 样地数量 | 样地面积（hm²） | 所占比例（%） |
|---|---|---|---|
| 居住用地 | 170 | 1606.66 | 59.67 |
| 工业用地 | 27 | 474.20 | 17.61 |
| 商业用地 | 23 | 242.79 | 9.02 |
| 公共服务用地 | 30 | 296.32 | 11.01 |
| 其他用地 | 5 | 72.40 | 2.69 |
| 总计 | 255 | 2692.37 | 100.00 |

样地建筑类型的数量分布信息统计 表6-8

| 建筑属性 | 建筑数量 | 总建筑面积（m²） | 所占比例（%） |
|---|---|---|---|
| 居住建筑（R） | 6739 | 106185289.16 | 68.68 |
| 工业建筑（M） | 1332 | 15356125.81 | 13.58 |
| 商业建筑（B） | 531 | 32274993.12 | 5.41 |
| 公共服务类建筑（A） | 1029 | 22185049.10 | 10.49 |
| 其他建筑 | 181 | 4707194.50 | 1.84 |
| 总计 | 9812 | 180708651.69 | 100.00 |

从统计结果来看，各类用地所占比例为居住用地＞工业用地＞公共服务用地＞商业用地＞其他用地。各类建筑的面积及比例见表6-8。居住建筑总面积为10618.52万m²，占总建筑面积的58.76%；工业建筑总面积为1535.61万m²，占总建筑面积的8.50%；商业建筑总面积为3227.50万m²，占总建筑面积的17.86%；公共服务类建筑总面积为2218.50万m²，占总建筑面积的12.28%；其他建筑总面积为470.72万m²，占总建筑面积的2.6%。各类建筑中由于居住建筑所选样地最多，故其面积最大。商业建筑由于其较高的层数，虽然建筑数量比例较公共服务类建筑较低，但建筑面积更大。

## 6.4.2 计算过程及结果分析

样地建筑固碳量计算采用前文建筑的固碳量计算模型，按照不同建筑类型进行分类计算，并将计算后吸收$CO_2$量转化为吸收C量，得到各样地建筑固碳总量。

### （1）居住建筑固碳量

在计算居住建筑固碳量时，受建筑高度、结构类型与混凝土强度的影响，将居住建筑分为框架结构和混凝土剪力墙结构两种类型，分别计算固碳量。需要注意的是在建筑楼板部分，所使用的混凝土强度等级一般以C30为主，框架结构中主要承重结构的柱并不在计算范围内。而剪力墙的混凝土强度随着建筑层数增加而增大，通常情况下，18层高层住宅中1~6层混凝土强度以C35为主，7~18层以C30为主；

19层以上的高层住宅一般1~6层混凝土强度为C40，7~14层混凝土强度为C35，14层以上混凝土强度为C30；若此建筑为超高层居住住宅，则剪力墙混凝土强度会随之增大为C45乃至C50，需根据实际情况判断。

经计算，170块居住样地，6739栋居住建筑的固碳量为$49.65 \times 10^4$t，地块平均固碳量为$0.29 \times 10^4$t，其中地块固碳量最大为$1.86 \times 10^4$t，最小为88.75t。

### （2）工业建筑固碳量

在样地中，工业建筑多为工业厂房与仓储用房，其中工业厂房以橡胶厂、机械厂、汽车车间与产业园区等为主，多是低层框架混凝土厂房。经计算，工业建筑总固碳量为$7.30 \times 10^4$t，地块平均固碳量为$0.27 \times 10^4$t，其中地块固碳量最大为$1.65 \times 10^4$t，最小为323.49t。

### （3）商业建筑固碳量

样地内的商业建筑包含多层商业网点与高层酒店（公寓）。建筑结构的差异性与居住建筑类似，商业网点以混凝土框架为主，而高层酒店多以混凝土剪力墙为主。混凝土强度等级高于居住建筑，有C45、C40、C35、C30等不同强度等级。经计算，商业建筑总固碳量为$16.41 \times 10^4$t，地块平均固碳量为$0.71 \times 10^4$t，其中地块固碳量最大为$17.01 \times 10^4$t，最小为650.05t。

### （4）公共服务类建筑固碳量

公共服务类建筑的固碳量以混凝土为主要结构材料的可根据模型直接计算。部分其他结构的大跨类公共服务建筑如剧院、展览馆等，根据建筑的具体情况单独计算。如样地中的盛京大剧院为钢结构建筑，计算固碳量时仅计算楼板的固碳量。经计算，公共服务类建筑总固碳量为$12.57 \times 10^4$t，地块平均固碳量为$0.42 \times 10^4$t，其中地块固碳量最大为$1.34 \times 10^4$t，最小为720.27t。

### （5）其他建筑固碳量

其他建筑包括交通建筑、临时用房等。经计算，其他建筑总固碳量为$2.46 \times 10^4$t，地块平均固碳量为$0.49 \times 10^4$t，其中地块固碳量最大为$1.06 \times 10^4$t，最小为449.61t。

## 6.4.3 模型建立

### （1）建筑特征变量选择

建筑固碳量的计算过程是非常复杂的，通过相关分析确定与碳汇量相关性较高的特征变量。通过固碳量与特征变量的相关系数和显著性水平，确定建成时间（$T$）、建筑周长（$P$）、建筑基底面积（$A$）、建筑层数（$BS$）、建筑层高（$H$）、建筑高度（$BH$）和建筑容量（$BC$）7个特征变量。

### （2）相关性分析

样地建筑固碳量与特征变量的相关性分析结果见表6-9。结果表明，除建筑层高（$H$）外，其余建筑特征变量与建筑固碳量相关性较好，在0.01水平（双侧）上显著相关，且均为正相关。不同建筑类型的相关指数存在一定差异，其中建成时间（$T$）是从时间角度反映建筑信息，其相关性最小，相关指数在0.031~0.314之间；建筑周长（$P$）、建筑基底面积（$A$）、建筑层数（$BS$）、建筑高度（$BH$）和建筑容量（$BC$）等特征参数是在不同方面反映建筑空间信息，建筑周长（$P$）与建筑基底面积（$A$）能够反映建筑水平空间位置关系，相关指数在0.405~0.92之间；建筑层数（$BS$）与建筑高度（$BH$）能够反映出建筑的垂直空间格局，相关指数在0.168~0.648之间；建筑容量（$BC$）是建筑三维信息的重要体现，其相关指数最高，在0.829~0.988之间，同时建筑容量（$BC$）也是建筑三维信息的重要成果。

建筑固碳量与特征变量的相关性分析结果（$n=9812$，$P<0.01$）　　表6-9

| 特征变量 | | 建成时间 $T$ | 建筑周长 $P$ | 建筑基底面积 $A$ | 建筑层数 $BS$ | 建筑层高 $H$ | 建筑高度 $BH$ | 建筑容量 $BC$ |
|---|---|---|---|---|---|---|---|---|
| 居住建筑 | Person相关性 | 0.314** | 0.405** | 0.516** | 0.648** | −0.011 | 0.647** | 0.898** |
| | 显著性（双侧） | 0.000 | 0.000 | 0.000 | 0.000 | 0.061 | 0.000 | 0.000 |
| 工业建筑 | Person相关性 | 0.193** | 0.676** | 0.765** | 0.379** | 0.019 | 0.405** | 0.980** |
| | 显著性（双侧） | 0.000 | 0.000 | 0.000 | 0.000 | 0.478 | 0.000 | 0.000 |
| 商业建筑 | Person相关性 | 0.108** | 0.529** | 0.769** | 0.168** | 0.040 | 0.170* | 0.964** |
| | 显著性（双侧） | 0.360 | 0.000 | 0.000 | 0.000 | 0.149 | 0.000 | 0.000 |

| 特征变量 | | 建成时间 $T$ | 建筑周长 $P$ | 建筑基底面积 $A$ | 建筑层数 $BS$ | 建筑层高 $H$ | 建筑高度 $BH$ | 建筑容量 $BC$ |
|---|---|---|---|---|---|---|---|---|
| 公共服务建筑 | Person相关性 | 0.032** | 0.588** | 0.739** | 0.184** | 0.018 | 0.184** | 0.829** |
| | 显著性（双侧） | 0.002 | 0.000 | 0.000 | 0.000 | 0.302 | 0.000 | 0.000 |
| 其他建筑 | Person相关性 | 0.031** | 0.778** | 0.920** | 0.334** | 0.013 | 0.335** | 0.988** |
| | 显著性（双侧） | 0.678 | 0.000 | 0.000 | 0.000 | 0.865 | 0.000 | 0.000 |
| 所有建筑 | Person相关性 | 0.180** | 0.569** | 0.721** | 0.299** | 0.004 | 0.336** | 0.957** |
| | 显著性（双侧） | 0.067 | 0.000 | 0.000 | 0.000 | 0.675 | 0.000 | 0.000 |

注：** 和 * 分别表示相关性在 0.01 和 0.05 水平（双侧）上显著相关。

### （3）模型确定

在生物碳汇量估算时，一般采用的模型多为基于单一因子的线性或非线性回归模型，包括常见的线性模型、对数模型、指数模型、幂函数模型、二项式模型等。针对地形复杂或者生态过程复杂的地区，则采用逐步回归的方式，通过判断每个自变量的重要程度，确定其保留或淘汰状态，最终根据模型 $R^2$ 情况确定主要特征变量。

本研究在自变量筛选过程中同样采用逐步回归的方式，由于各类建筑类型的相关性因素具有一定的统一性，因此在自变量初步筛选过程中，以样本中的所有建筑为基础数据，通过 $R^2$ 的大小来决定自变量的去留。在新自变量加入模型后，通过共线性统计容差与 $VIF$ 判断模型的容错率与误差情况。如此递推，直至确定能够解释因变量变化规律的最终特征变量模型。以样地商业建筑为例，从表6-10可知，通过逐步回归建立的模型 $R^2$ 的变化范围在0.929~0.961之间，说明6个模型都具有较好的拟合效果。在不同自变量条件下，模型的容差与 $VIF$ 具有较大差异，通过表6-11可以发现，模型1与模型2的容差与 $VIF$ 较好，而随着自变量的增加，在模型3~6中，虽然模型 $R^2$ 有所提升，但模型的容错率较低，误差大大增加，因此排除模型3~6中的新增自变量，确定影响建筑固碳量模型的特征变量为建筑容量与建成时间。

| 模型 | $R$ | $R^2$ | 调整后$R^2$ | 标准估算错误 | 更改统计量 | | | | |
|---|---|---|---|---|---|---|---|---|---|
| | | | | | $R^2$ | $F$更改 | $df1$ | $df2$ | 显著性$F$更改 |
| 1 | 0.964[a] | 0.929 | 0.929 | 388366.896 | 0.929 | 6977.300 | 1 | 536 | 0.000 |
| 2 | 0.964[a] | 0.929 | 0.929 | 386981.808 | 0.929 | 3516.090 | 2 | 535 | 0.000 |
| 3 | 0.968[c] | 0.937 | 0.937 | 365864.149 | 0.937 | 2643.981 | 3 | 534 | 0.000 |
| 4 | 0.968[d] | 0.937 | 0.937 | 365062.791 | 0.937 | 1992.538 | 4 | 533 | 0.000 |
| 5 | 0.972[e] | 0.945 | 0.945 | 341181.321 | 0.945 | 1840.639 | 5 | 532 | 0.000 |
| 6 | 0.981[f] | 0.962 | 0.961 | 286191.456 | 0.962 | 2217.454 | 6 | 531 | 0.000 |

注：a. 预测变量：（常量），建筑容量（m³）。
　　b. 预测变量：（常量），建筑容量（m³），建成时间。
　　c. 预测变量：（常量），建筑容量（m³），建成时间，建筑层数。
　　d. 预测变量：（常量），建筑容量（m³），建成时间，建筑层数，建筑高度（m）。
　　e. 预测变量：（常量），建筑容量（m³），建成时间，建筑层数，建筑高度（m），建筑基底面积（m²）。
　　f. 预测变量：（常量），建筑容量（m³），建成时间，建筑层数，建筑高度（m），建筑基底面积（m²），建筑周长（m）。

不同自变量的逐步回归模型           表6-11

| 序号模型 | | 非标准化系数 | | 标准系数 | $t$ | 显著性 | 共线性统计 | |
|---|---|---|---|---|---|---|---|---|
| | | $B$ | 标准误差 | $\beta$ | | | 容差 | VIF |
| 1 | （常量） | −194709.913 | 17825.391 | | −10.923 | 0.000 | | |
| | 建筑容量（m³） | 2.241 | 0.027 | 0.964 | 83.530 | 0.000 | 1.000 | 1.000 |
| 2 | （常量） | −300755.072 | 51353.063 | | −5.857 | 0.000 | | |
| | 建筑容量（m³） | 6153.218 | 2795.827 | 0.026 | 2.201 | 0.028 | 0.981 | 1.019 |
| | 建成时间 | 2.250 | 0.027 | 0.967 | 83.334 | 0.000 | 0.981 | 1.019 |
| 3 | （常量） | −171585.764 | 51143.705 | | −3.355 | 0.001 | | |
| | 建筑容量（m³） | 5477.772 | 2644.595 | 0.023 | 2.071 | 0.039 | 0.980 | 1.020 |
| | 建成时间 | 2.304 | 0.026 | 0.991 | 87.253 | 0.000 | 0.916 | 1.091 |
| | 建筑层数 | −8734.606 | 1087.225 | −0.091 | −8.034 | 0.000 | 0.930 | 1.075 |

| 序号模型 | | 非标准化系数 | | 标准系数 | $t$ | 显著性 | 共线性统计 | |
|---|---|---|---|---|---|---|---|---|
| | | $B$ | 标准误差 | $\beta$ | | | 容差 | $VIF$ |
| 4 | （常量） | −169475.977 | 51044.713 | | −3.320 | 0.001 | | |
| | 建筑容量（$m^3$） | 5138.137 | 2645.325 | 0.021 | 1.942 | 0.053 | 0.975 | 1.025 |
| | 建成时间 | 2.307 | 0.026 | 0.992 | 87.425 | 0.000 | 0.914 | 1.094 |
| | 建筑层数 | 41693.888 | 27585.843 | 0.432 | 1.511 | 0.131 | 0.001 | 695.289 |
| | 建筑高度（m） | −13291.192 | 7265.042 | −0.523 | −1.829 | 0.068 | 0.001 | 696.205 |
| 5 | （常量） | −139094.745 | 47829.006 | | −2.908 | 0.004 | | |
| | 建筑容量（$m^3$） | 7176.688 | 2482.995 | 0.030 | 2.890 | 0.004 | 0.967 | 1.034 |
| | 建成时间 | 2.663 | 0.047 | 1.145 | 56.390 | 0.000 | 0.249 | 4.012 |
| | 建筑层数 | 36398.045 | 25788.200 | 0.377 | 1.411 | 0.159 | 0.001 | 695.664 |
| | 建筑高度（m） | −12829.668 | 6789.982 | −0.505 | −1.889 | 0.059 | 0.001 | 696.246 |
| | 建筑基底面积（$m^2$） | −24.208 | 2.737 | −0.172 | −8.845 | 0.000 | 0.271 | 3.689 |
| 6 | （常量） | 72803.725 | 42533.697 | | 1.712 | 0.088 | | |
| | 建筑容量（$m^3$） | 5308.403 | 2086.518 | 0.022 | 2.544 | 0.011 | 0.963 | 1.038 |
| | 建成时间 | 2.557 | 0.040 | 1.099 | 63.558 | 0.000 | 0.242 | 4.139 |
| | 建筑层数 | 15153.546 | 21678.088 | 0.157 | 0.699 | 0.485 | 0.001 | 698.645 |
| | 建筑高度（m） | −7104.549 | 5708.377 | −0.280 | −1.245 | 0.214 | 0.001 | 699.372 |
| | 建筑基底面积（$m^2$） | 10.000 | 3.236 | 0.071 | 3.090 | 0.002 | 0.136 | 7.328 |
| | 建筑周长（m） | −1256.542 | 83.754 | −0.244 | −15.003 | 0.000 | 0.273 | 3.666 |

回归模型的评价参数一般包括 $R^2$、均方误差（$MSE$）、平均绝对误差（$MAE$）、均方根误差（$RMSE$）和相对均方根误差（$rRMSE$）等。$R^2$ 表示模型对样本的拟合度，$MSE$ 表示模型预测数据的离散程度，$MAE$ 反映出预测值误差的实际情况，$RMSE$ 能够很好地反映出模型预测值的精度，但受数量级的影响较大，$rRMSE$ 表示内容同 $RMSE$ 基本一致，但不受数量级的影响。因此，本研究选择 $R^2$、平均绝对误差（$MAE$）、相对均方根误差（$rRMSE$）作为模型与精度的选择依据，计算公式如下：

$$R^2 = 1 - SSE / SST = 1 - \sum_{i=1}^{n} (U_i - Y_i)^2 / \sum_{i=1}^{n} (Y_i - \bar{Y}_i)^2 \qquad (6-7)$$

$$MAE = \frac{1}{n} \sum_{i=1}^{n} |Y_i - U_i| \qquad (6-8)$$

$$rRMSE = \frac{RMSE}{\bar{Y}_i} = \sqrt{MSE} / \bar{Y}_i = \sqrt{SSE / n - r - 1} / \bar{Y}_i$$

$$= \sqrt{\sum_{i=1}^{n} (U_i - Y_i)^2 / n - r - 1} / \bar{Y}_i \qquad (6-9)$$

式中，$U$为建筑固碳量的预测值；$Y_i$为样地建筑固碳量实测值；$\bar{Y}_i$为样地建筑固碳量实测值的平均值；$n$为样本数量；$r$为自由度。

从建筑固碳量的拟合结果来看（表6-12），不同用地类型建筑固碳量的变化特征与建筑容量的关系最为密切，建成时间作为加权因素存在。按照一般求解预测值的模型来看，应采取逐步回归的方式得到建筑固碳量模型。模型结果的拟合度$R^2$值分别为居住0.717、工业0.929、商业0.829、公共服务0.693以及其他0.980。在单体建筑固碳量计算中，固碳量与建成时间的关系可以理解为$U = K \cdot \sqrt{t}$，因此在计算城市尺度建筑固碳量时，参照单体的计算模型将样地建筑固碳量同建筑容量与$\sqrt{t}$进行曲线拟合。从模型拟合结果来看，居住用地3个回归模型的$R^2$、$MAE$和$rRMSE$的范围分别为0.698~0.760，1564.467~3734.676和0.050~0.257，建筑固碳量与$\sqrt{t}$的模型$R^2$明显高于逐步回归模型，并且$MAE$与$rRMSE$明显降低，模型精度显著提升。工业用地3个回归模型的$R^2$、$MAE$和$rRMSE$的范围分别为0.929~0.999、698.492~3055.139和0.022~0.449。3个模型的拟合度都相对较好，在模型选择上主要以$R^2$为首要选择要素，以$MAE$和$rRMSE$为精准度次要要素进行筛选。商业用地3个回归模型的$R^2$、$MAE$和$rRMSE$的范围分别为0.829~0.901、2029.899~22434.226和0.023~0.63。选择$R^2$最大值与$rRMSE$最小值的模型作为预测模型，能够很好地预测建筑固碳量情况。公共服务用地3个回归模型的$R^2$、$MAE$和$rRMSE$的范围分别为0.693~0.890，1853.605~11854.591和0.014~1.135，在模型选择上，虽然幂函数模型的$R^2$值最高，但模型精度要低于线性函数模型。此外，线性函数在应用范围上较幂函数模型更为准确。其他用地3个回归模型的$R^2$、$MAE$和$rRMSE$的范围分别为0.980~0.995、118.085~4746.138和0.002~0.287。综合以上分析过程，确定最优的建筑固碳量估算模型。各类建筑模型如下：

居住建筑模型：$U_R = (0.001V_R^{1.69}) \cdot T^{0.5}$（$R^2 = 0.760$） $\qquad (6-10)$

工业建筑模型：$U_M = (0.203V_M + 86.707) \cdot T^{0.5}$（$R^2 = 0.999$） $\qquad (6-11)$

商业建筑模型：$U_B = (0.011V_R^{1.457}) \cdot T^{0.5}$ （$R^2=0.901$） （6-12）

公共服务类建筑模型：$U_A = (0.008V_A^{1.456}) \cdot T^{0.5}$ （$R^2=0.890$） （6-13）

其他建筑模型：$U_E = (0.291V_E + 2.597) \cdot T^{0.5}$ （$R^2=0.996$） （6-14）

城市建筑固碳量回归模型与参数比较 表6-12

| 回归模型 | 样地类型 | 模型方程 | $F$ | $Sig.$ | $R^2$ |
|---|---|---|---|---|---|
| 逐步回归模型 | 居住用地 | $Y=20.746BC-18572.461T-57977.356$ | 15031.694 | 0.000 | 0.717 |
| | 工业用地 | $Y=0.867BC+1766.832T-29939.789$ | 21122.193 | 0.000 | 0.929 |
| | 商业用地 | $Y=92.255BC+252334.517T-12333527.51$ | 3516.090 | 0.000 | 0.829 |
| | 公共服务用地 | $Y=33.796BC+84531.037T-3016676.973$ | 1136.015 | 0.000 | 0.693 |
| | 其他用地 | $Y=1.309BC+3057.368T-65997.845$ | 4282.549 | 0.000 | 0.980 |
| 线性函数模型 | 居住用地 | $Y=(7.098BC-128188.697)T^{0.5}$ | 15538.422 | 0.000 | 0.698 |
| | 工业用地 | $Y=(0.203BC+86.707)T^{0.5}$ | 953252.209 | 0.000 | 0.999 |
| | 商业用地 | $Y=(27.692BC-2500177.311)T^{0.5}$ | 3109.703 | 0.000 | 0.853 |
| | 公共服务用地 | $Y=(8.02BC-286515.954)T^{0.5}$ | 1899.551 | 0.000 | 0.653 |
| | 其他用地 | $Y=(0.291BC+2.597)T^{0.5}$ | 7118.438 | 0.000 | 0.995 |
| 幂函数模型 | 居住用地 | $Y=(0.001BC^{1.690})T^{0.5}$ | 21220.420 | 0.000 | 0.760 |
| | 工业用地 | $Y=(0.21BC^{0.998})T^{0.5}$ | 460855.647 | 0.000 | 0.997 |
| | 商业用地 | $Y=(0.011BC^{1.457})T^{0.5}$ | 4872.110 | 0.000 | 0.901 |
| | 公共服务用地 | $Y=(0.008BC^{1.456})T^{0.5}$ | 8141.941 | 0.000 | 0.890 |
| | 其他用地 | $Y=(0.271BC^{1.006})T^{0.5}$ | 46148.862 | 0.000 | 0.975 |

注：$Y$ 为建筑固碳量预测值，$BC$ 为建筑容量，$T$ 为建成时间。

## 6.4.4 模型精度评价

通过比较建筑固碳量实测计算值与模型估算值，检测模型准确性与精度（图6-11）。采用能够反映出预测值误差实际情况的平均绝对误差（*MAE*）和不受数量级影响能反映出模型预测值精度的相对均方根误差（*rRMSE*）作为模型评价的依据（表6-13）。检测结果表明：模型的精度较高，具有较高的可信度。

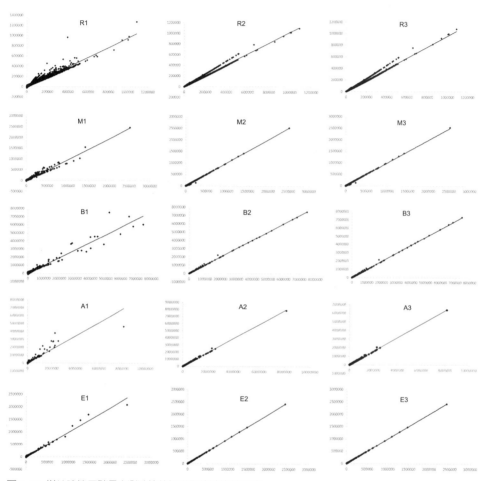

图6-11 样地建筑固碳量实测计算值与模型估计值关系图

模型精度指标 表6-13

| 样地类型 | 建筑数量 | *MAE* | *rRMSE* |
|---|---|---|---|
| 居住用地 | 6739 | 3734.676 | 0.163 |
| 工业用地 | 1332 | 698.492 | 0.077 |

| 样地类型 | 建筑数量 | MAE | rRMSE |
|---|---|---|---|
| 商业用地 | 531 | 1185.437 | 0.469 |
| 公共服务用地 | 1029 | 7727.517 | 0.387 |
| 其他用地 | 181 | 172.039 | 0.002 |

# 6.5 本章小结

本章在单体建筑固碳量核算方法的基础上，对城市尺度建筑暴露面积与碳化速率系数进行探讨。按照第3章的建筑分类情况，对每个类型建筑暴露面积从使用空间尺度上进行分析，得到暴露面积与建筑基底面积的等式关系。在分析不同类型建筑混凝土强度及其所处环境$CO_2$浓度的基础上，整理文献数据与实验数据，确定各类型建筑在不同环境下的碳化系数。采用样地清查法，对所选样地内建筑的固碳量按照单体建筑核算方法进行计算，并将得到的固碳量结果与建筑特征变量进行相关性分析，其中建筑特征变量包括建成时间（$T$）、建筑周长（$P$）、建筑基底面积（$A$）、建筑层数（$BS$）、建筑层高（$H$）、建筑高度（$BH$）和建筑容量（$BC$）7项。分析发现，建成时间（$T$）、建筑周长（$P$）、建筑基底面积（$A$）、建筑层数（$BS$）、建筑高度（$BH$）和建筑容量（$BC$）特征变量与建筑固碳量相关性较好，在0.01水平（双侧）上显著相关，且均为正相关。在此基础上，采用逐步回归的方法筛选出不同建筑类型固碳量估算模型的自变量。结果表明以建筑容量（$BC$）为自变量，适用性较好，而建成时间（$T$）作为加权，虽然$VIF$值略高，但能够表达出建筑固碳量与时间的关系，因此也应纳入自变量中。由于单体建筑固碳量计算中，固碳量与建成时间存在$U=K\cdot\sqrt{t}$的关系，将样地建筑固碳量同建筑容量与$\sqrt{t}$进行曲线拟合，比较各类回归模型中$R^2$、$MAE$和$rRMSE$的结果，选取效果最好的模型作为城市建筑固碳量估算模型，并对模型精度进行检验，以保证模型的准确性。经过模型精度评价，结果表明：模型的精度较高，具有较高的可信度。

Urban Ecosystems

第 7 章

沈阳城市生态系统碳汇能力与空间分布

城市生态系统碳汇包括自然与人工两部分，其中城市自然生态系统的碳汇在土壤、绿地及水系等多个要素相互影响、相互作用下形成，因此对城市自然碳汇系统研究应基于多要素碳汇的耦合，才能更全面地把握城市自然碳汇的空间格局。先将土壤、植被及水系的碳汇进行耦合分析，揭示三者在碳汇过程中的相互影响作用；再叠合多要素碳汇空间，获得沈阳城市自然碳汇系统空间格局，并对城市自然碳汇格局的影响因素进行总结分析。城市人工生态系统具有较高碳汇能力的是城市建筑，因此在人工碳汇系统中，着重分析了城市建筑固碳总量、从整体到各行政区的建筑固碳空间分布情况，并基于建筑容量和建设年代两个方面分析了建筑固碳空间特征。

# 7.1 城市生态系统碳汇能力

## 7.1.1 自然碳汇系统

沈阳城市自然碳汇系统包括三个部分：土壤、植被和水系（表7-1）。其中植被的碳储量包括地上和地下两个部分，植被地上碳储量为1.437Tg，植被的地上与地下生物量之比为4.28[51]，计算得到植被的地下碳储量为0.333Tg，因此植被总碳储量为1.77Tg；土壤（0~1m）总碳储量为3.64Tg；水系总碳储量为63973.62t。将三个部分的碳汇量进行叠加，计算得到沈阳城市自然生态系统的总碳储量为5.47Tg，其中土壤碳储量占总碳储量的66.54%，植被占32.36%，水系占1.10%。土壤是城市中的主要碳库。

沈阳城市土壤、植被及水系碳储量　　　　　　　　　　　　　　　　表7-1

| | 碳储量（Tg） | 比例（%） |
|---|---|---|
| 植被 | 1.77 | 32.36 |
| 土壤（0~1m） | 3.64 | 66.54 |
| 水系 | 0.06 | 1.10 |
| 总计 | 5.47 | 100 |

## 7.1.2 人工碳汇系统

通过利用城市建筑固碳模型可以快速有效地估算出城市建筑固碳能力。在第6章城市建筑现状的基础上，提取各类城市建设容量与建成时间信息，计算得到城市建筑总固碳能力与各类型建筑固碳能力（表7-2）。研究区域建筑总固碳量为$170.16 \times 10^4$t，在所有建筑类型中，居住建筑（RB）固碳总量最大，为$116.28 \times 10^4$t，占固碳总量的68.33%；商业建筑（CB）与公共服务建筑（PB）的固碳总量十分接近，分别为$31.61 \times 10^4$t和$20.01 \times 10^4$t；工业建筑（IB）与其他建筑（OB）的固碳量处于较低水平，分别为$1.80 \times 10^4$t与$0.46 \times 10^4$t，占比均小于总量的5%。城市建筑平均碳密度为119.45t·hm$^{-2}$，不同类型建筑碳密度差异较大，其中居住建筑（RB）、商业建筑（CB）和公共服务建筑（PB）的碳密度高于平均水平，整体变化趋势为商业建筑（CB）＞居住建筑（RB）＞公共服务建筑（PB）＞其他建筑（OB）＞工业建筑（IB）。

在固碳量与碳密度的排序变化上，居住建筑（RB）的变化最大，居住建筑（RB）的建筑固碳量排序最高，碳密度排在第二位，这主要是由于居住建筑所占比例最高（占总用地面积的60.4%，总建筑容量的66.34%）、分布平均导致的；商业建筑（CB）的固碳量占城市建筑固碳总量的18.58%，但建筑密度最高，达233.39t·hm$^{-2}$，其原因在于商业建筑中有一部分为占地面积较小的高层、超高层综合体建筑；公共服务建筑（PB）的固碳量与商业建筑（CB）基本相当，但公共服务建筑（PB）的碳密度明显低于商业建筑（CB），与居住建筑（RB）相近，为132.78t·hm$^{-2}$；其他建筑（OB）的固碳总量最低但碳密度要高于工业建筑（IB），分别为12.57t·hm$^{-2}$与7.46t·hm$^{-2}$，这主要是由于工业建筑（IB）多数为低层或多层厂房所致。

**不同类型建筑占地面积、建筑容量、固碳量及碳密度比较**　　　表7-2

| 建筑类型 | 占地面积（hm²） | 占地面积占比（%） | 建筑数量（个） | 建设容量（×10⁴m³） | 建筑固碳量（×10⁴t） | 建筑固碳量占比（%） | 平均碳密度（t·hm⁻²） |
|---|---|---|---|---|---|---|---|
| 居住建筑 | 8604.136 | 60.40 | 76366 | 311009.093 | 116.28 | 68.33 | 135.14 |
| 工业建筑 | 2417.635 | 16.97 | 11598 | 35348.491 | 1.80 | 1.06 | 7.46 |
| 商业建筑 | 1354.281 | 9.51 | 7297 | 59652.054 | 31.61 | 18.58 | 233.39 |
| 公共服务建筑 | 1507.376 | 10.58 | 11788 | 57106.026 | 20.01 | 11.76 | 132.78 |
| 其他建筑 | 361.952 | 2.54 | 2206 | 5716.934 | 0.46 | 0.27 | 12.57 |
| 总和 | 14245.38 | 100.00 | 109255 | 468832.598 | 170.16 | 100.00 | 119.45 |

按照城市发展进程来看，不同圈层的建筑固碳能力具有显著差异。研究范围内3个分区总建筑固碳量从Ⅰ区到Ⅲ区逐渐增加，固碳总量分别为35.88×10⁴t、47.12×10⁴t和60.04×10⁴t（图7-1）。其原因主要是区域面积的增加，同时也在一定程度上反映出城市建设扩张的方向。3个分区的碳密度变化上则正好与之相反（图7-2），呈现出Ⅰ区＞Ⅱ区＞Ⅲ区的特点，数值分别为$20.49 kg \cdot m^{-2}$、$16.33 kg \cdot m^{-2}$和$11.60 kg \cdot m^{-2}$。造成这种情况的原因，一方面是受时间影响，越靠近Ⅰ区建筑的建成时间越长；另一方面代表了城市化水平从高到低的变化，Ⅰ区为城市中心区，城市化程度较高，Ⅲ区相对处于城市边缘地区，低层建筑较多，碳密度相对较低。

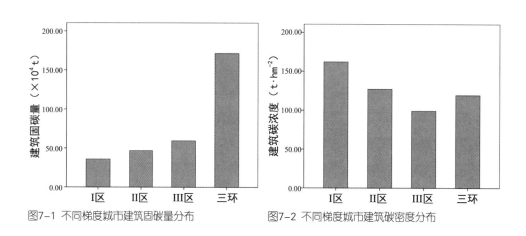

图7-1 不同梯度城市建筑固碳量分布　　　　图7-2 不同梯度城市建筑碳密度分布

# 7.2 城市自然碳汇系统空间分布及影响因素

## 7.2.1 自然碳汇系统空间分布特征

将研究区域的城市土壤（0~1m）、植被和水系的碳储量空间分布图进行叠合，得到研究区域城市自然碳汇系统的碳储量空间分布图（图7-3）。

利用 ArcGIS 平台 Spatial Analyst 模块下的重分类工具，采用自然间断点分级法（Jenks）将研究区域自然碳汇系统的碳储量分为低、中、高三个级别（表7-3、图7-4）。其中中碳区的碳储量最大，占总碳储量的55.33%，高碳区的碳储量占比为21.16%，低碳区的碳储量占比最低，仅为23.51%。

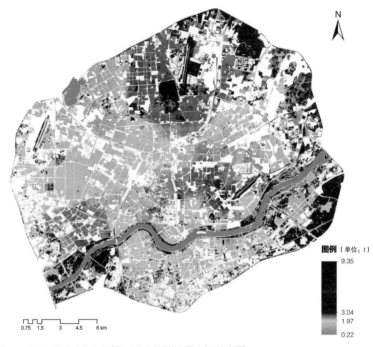

图7-3 研究区域城市自然碳汇系统的碳储量空间分布图

图例（单位：t）

9.35

3.04
1.97
0.22

0.75 1.5  3  4.5  6 km

沈阳城区自然碳汇系统碳储量空间分级　　　　表7-3

| 碳储等级 | 碳密度（t·hm⁻²） | 面积（hm²） | 碳储量（×10⁴t） | 碳储量百分比（%） |
|---|---|---|---|---|
| 低碳区 | 22.61~177.33 | 10321.02 | 120.7551 | 23.51 |
| 中碳区 | 197.32~304.47 | 15337.58 | 284.2555 | 55.33 |
| 高碳区 | 304.47~935.15 | 3825.67 | 108.7094 | 21.16 |
| 总计 | — | 29484.27 | 513.72 | — |

由图7-4分析，低碳区碳汇能力最弱，主要包括土壤低碳区和中碳区的一部分以及整个水系区域，低碳区分布在研究区域的西北角以及浑河以南地区。中碳区的分布主要包括土壤的高碳区、植被的中碳区，占地面积最广，在一、二、三环区域中均有较多的分布，其也有3个集中分布区域：①以万柳塘—万泉公园为中心的城市中心区域；②北陵公园周边地带；③于洪区位于沈辽路高架桥以南的区域。这3个集中区域以居住用地为主，植被种植水平不高，但土壤的碳储水平较高，从而提升了总的碳储水平。中碳区在整个区域的西北部分布较少。高碳区碳汇能力最强，主要

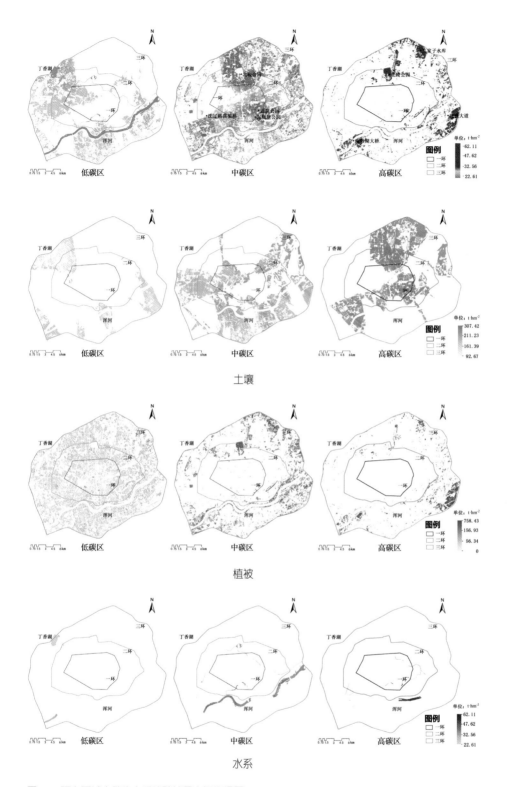

图7-4 研究区域自然生态系统碳储量空间等级图

包括植被高碳区和部分中碳区，主要分布于二、三环区域中，其有3个集中分布区域：①北陵—三家子水库区域；②沈抚大道—三环路；③南阳湖大桥与浑河交叉区域。高碳区在一环中分布很少，只出现在公园绿地中。

尽管土壤是城市的主要碳库，但高碳区的分布主要受城市植被分布的影响，3个集中区均处于三环农林用地比较集中的区域，是城市东北、东南、西南绿楔向三环内延伸的部分，因此植被覆盖度高、碳汇能力最高。高碳区在三环区域的空间分布较为理想：3个集中区为"面"，中间以线性的浑河及两岸绿地以及大量较为密集的斑块群相连接，形成一个"点—线—面"的网络结构；但在一、二环区域中，环城运河为一、二环区域中重要的生态廊道，但其碳汇能力并未达到高碳区的水平，导致高碳区在一、二环区域中为空白；研究区域西北部的空白也加剧了整个研究区域碳汇网络的不稳定，形成一个"外环高，内环低""东南高，西北低"的碳汇网络格局。

## 7.2.2 影响因素分析

在分析影响自然碳汇影响因素时，主要从自然条件、城市用地类型、城市扩张、人为干扰水平四个方面分析。

### （1）自然条件

自然界中的土壤、植被与水系的碳汇能力在很大程度上受气候、太阳辐射等自然环境的影响。城市中的土壤、绿地与水系在本质上来说都是自然生态要素，在其碳汇过程中，同样也会受到自然环境的影响，尤其是植被，气候对其影响比较大一些。罗云建等人（2013）的研究表明，随着纬度的增加，植被群落活生物量的积累速率逐渐减小（$R^2=0.307$，$p<0.001$），乔木的生物量积累速率与纬度也存在类似的变化规律（$p<0.001$），其中降水的影响大于温度的影响。

史琰（2013）对中国27个城市建成区碳汇的研究表明，城市建成区碳密度与建成区所在位置的纬度（$R^2=0.0112$）和经度（$R^2=0.0098$）无显著相关，与年均气温（$R^2=0.0694$）、年均降水（$R^2=0.0461$）、湿润度指数（$R^2=0.0805$）在0.1水平上相关，城市建成区碳密度受自然因素调控作用小，可能是由于城市中比较密集的人工管理、人为干预及特殊的城市环境对植被的生长和碳积累影响更大，使得自然因素不再是其限制因子。

另一方面，较高的温度（城市热岛效应）和高$CO_2$浓度促进了城市内部气温的升高，植被物候周期变化可能被放大，植被生长期延长，导致城市建成区内部的植被生长率高于郊区及野外[158]，碳储量也相应增长，相应地也会增加土壤的碳积累，从而促进自然碳汇体系的碳储量。

### （2）城市用地类型

城市用地类型对生境和植物群落特征的影响明显。这主要是由于用地类型决定了土地利用的方式，不同的土地利用方式决定了其上的建筑、绿地、道路及硬铺地的空间布局，从而形成了不同的城市空间形态。城市空间形态与城市微气候有很大的关联性，不同的城市形态导致了不同类型的城市微气候，从而对用地中绿地植被的生长产生的影响也是不同的。另一方面，不同的用地类型对其上绿地的植被种植方式及植被种类的要求有很大的差别（表7-4）。

因此城市用地类型会对土壤—绿地碳汇系统的碳汇能力产生很大影响，其中土壤的碳密度变化为：工业仓储用地＞公共用地＞农林用地＞公园绿地＞防护绿地＞道路交通用地＞商业用地＞区域交通用地＞未利用地＞居住用地；植被的碳密度变化趋势则为：防护绿地＞未利用地＞公园绿地＞区域交通用地＞工业仓储用地＞公共用地＞农林用地＞道路交通用地＞商业用地＞居住用地。

城市典型用地类型的碳储能力及其上绿地特点　　　　表7-4

| 用地类型 | 土壤碳密度（0~20cm）（t·hm⁻²） | 植被碳密度（t·hm⁻²） | 用地类型 | 土壤碳密度（0~20cm）（t·hm⁻²） | 植被碳密度（t·hm⁻²） |
|---|---|---|---|---|---|
| 公园绿地 | 42.23 | 60.79 | 道路交通用地 | 36.75 | 28.47 |
| 居住用地 | 29.08 | 21.54 | 区域交通用地 | 31.15 | 60.57 |
| 公共用地 | 47.48 | 32.87 | 防护绿地 | 39.33 | 77.16 |
| 工业仓储用地 | 49.87 | 55.44 | 农林用地 | 46.55 | 30.69 |
| 商业用地 | 32.83 | 27.34 | 未利用地 | 30.47 | 62.02 |

### （3）城市扩张

随着城镇化的发展，城市不断向外扩张。沈阳是以同心圆的方式由内向外呈放射状发展建设的。城市区域是从一环发展起来的，逐渐向二环和三环扩张。这种扩张模式使城市自然碳汇能力呈现辐射状变化。

在这种影响下，各碳汇要素的碳储能力呈现不一致的变化趋势（图7-5）：①土壤、水系的有机碳密度是从城市中心向城市边缘呈现递减趋势，一环区域的有机碳密度最高，而三环区域的有机碳密度最低；②绿地有机碳密度是从城市中心向城市边缘呈现递增趋势，一环区域的有机碳密度最低，而三环区域的有机碳密度最高。

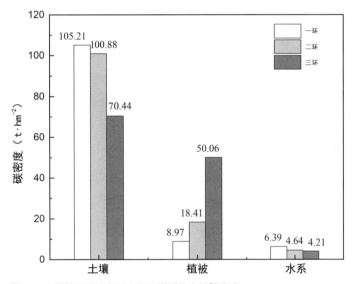

图7-5 自然碳汇系统在城市不同区域的有机碳密度

一环区域开发强度最大，人口密度高，居住用地占比较大，绿化覆盖率最小，较高的热岛效应、比较密集的人工养护等使得植被个体生长比较旺盛，但植被覆盖度低，人为破坏也较严重一些，导致绿地的碳密度最低。但一环区域开发时间较长，使得土壤比较稳定，有利于有机碳的积累，垃圾污物也对土壤和水体碳密度提高有促进作用。三环为最新发展的区域，开发强度不高，仍有大量残存的原始植被，植被覆盖度是最高的，使得绿地的碳密度最高，但开发时间较短，不利于土壤有机碳的储存，垃圾污物的排放量也比一环少很多，导致土壤与水系的碳密度最低。

### （4）人为干扰水平

城市中的人为干扰对城市自然碳汇系统有很复杂的影响，这也是城市自然碳汇系统与自然界碳汇主要的区别。在较强的人工环境下，城市自然碳汇系统表现出比较复杂的碳汇状态，两者的关系基本上表现为以下两个方面：

1）增加碳汇的人为干扰。城市中对绿地的人为养护、浇水、施肥、修剪、补植、除草、控制病虫害、防寒、保洁等，能够减轻环境对植物的胁迫，增强植物的抗逆能力，并促进城市中植物的存活和生长[159, 160]，对于提高绿地碳储能力具有积极影响。同时浇水、施肥以及污水污物的排放对于土壤及水系的碳储量提升也有一定的促进作用。

2）减少碳汇的人为干扰。人们在绿地中的游憩等行为会压实土壤，降低土壤的碳储量，影响植被根部生长，降低植被的生长速度，这些都会阻止城市自然碳汇的增长；人们对城市凋落物的清理阻断了凋落物腐化后有机物重新进入土壤的途径，影响了土壤有机物的积累等。

还有一些人为干扰因素具有两面性，如热岛效应。在春秋及冬季，热岛效应有利于植被的生长，而在炎热的夏季，热岛效应提高了城市的气温，在一定程度上还会抑制植被的生长。

# 7.3 城市人工碳汇系统空间分布特征

## 7.3.1 城市总体建筑固碳空间分布

利用城市建筑固碳量估算模型与建筑容量遥感影像解译结果，可以得到沈阳城市建筑固碳量空间分布图（图7-6）。结果表明，沈阳城市建筑固碳总量约为 $170.16 \times 10^4 t$。研究区域中大部分地区建筑固碳量整体分布较为平均，固碳量高值分布具有一定聚集性。对比城市建设用地类型，可以发现高固碳区与城市商业区及工业区的空间位置吻合，也就是说在城市商业区与工业区更容易形成建筑高固碳区域。此外，在研究区域范围内仍有零星点状区域建筑固碳量较高，以公共建筑为主，但都没有形成片区形态。将建筑固碳量和绿地植被与绿地土壤的碳储量进行比较，直观反映建筑固碳在城市生态系统中的重要作用。本研究估算的沈阳城市建筑固碳量为 $170.16 \times 10^4 t$，相同尺度下的绿地植被碳储量为 $143.7 \times 10^4 t$ [269]，绿地土壤碳储量为 $64.4 \times 10^4 t$ [270]。城市建筑固碳量要高于绿地植被与绿地土地中的任何

图7-6 沈阳城市建筑固碳量空间分布图

一类，但略小于绿地植被与土壤碳储量之和。沈阳市化石燃料燃烧产生的$CO_2$约为$3875 \times 10^4$t，建筑固碳量相当于年碳排放量的4.39%，量化城市建筑的固碳量有助于决策者更准确掌握城市碳排放与碳汇情况以及建筑对气候变化的影响，从而制订更好的管理计划。

研究区域的平均碳密度为119.45 t·hm$^{-2}$，比较各地块的平均碳密度可以发现，从城市中心到郊区碳密度逐渐降低（图7-7）。对比相同尺度不同碳汇类型的碳密度（表7-5）发现，城市建筑有巨大的优势，原因是城市建筑在空间占有量上有巨大优势，自然碳汇多集中于地面表层，建筑是在纵向高度上产生固碳功能。因此在城市中心区，植被土壤等自然碳汇受用地限制，占地面积较少，在碳汇量极其有限的情况下，充分发挥建筑固碳能力是缓解气候变化问题的几种潜在解决方案之一。

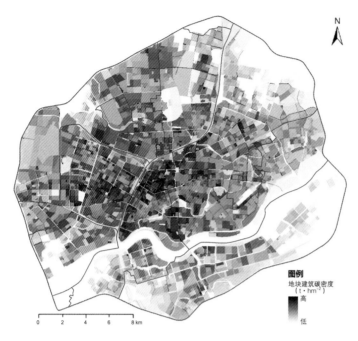

图例
地块建筑碳密度
（t·hm⁻²）
高

低

0　2　4　6　8 km

图7-7 城市各地块碳密度分布图

相同研究区域内城市建筑固碳量与自然碳汇的比较　　　表7-5

| 数据来源 | 固碳量<br>（×10⁴t） | 碳密度<br>（t·hm⁻²） | 占当年碳排放<br>比例（%） |
|---|---|---|---|
| 城市建筑固碳量 | 170.16 | 119.45 | 4.39 |
| 城市绿地固碳量 | 143.7 | 31.73 | 3.70 |
| 城市森林固碳量 | 33.7 | 33.22 | 0.87 |
| 城市表层（0~20cm）土壤固碳量 | 64.4 | 39.81 | 1.71 |
| 城市水系（水体与河底 20cm 沉积物）固碳量 | 6.4 | 34.77 | 0.17 |

## 7.3.2 各行政区建筑固碳空间分布

通过对各区域的建筑固碳量分析计算可以发现，各行政区范围内建筑固碳量差异较大，其中沈北新区与苏家屯区由于面积较小，解译后的遥感影像中没有建筑数据，因此不纳入各区固碳量比较中。从7个行政区城市建筑固碳总量的比较来看（图7-8），和平区（Hp）、沈河区（Sh）、皇姑区（Hg）、铁西区（Tx）与于洪区（Yh）的固碳总量较高且固碳量比较接近，其中铁西区（Tx）固碳量最高，达到29.1×10⁴t，于洪区（Yh）、皇姑区（Hg）、沈河区（Sh）与和平区（Hp）固碳量依次递减，分别为28.3×10⁴t、27.9×10⁴t、27.6×10⁴t和26.2×10⁴t；大东区（Dd）与浑南区（Hn）固碳量明显小于其他各区，其中大东区（Dd）略高为23.1×10⁴t，浑南区（Hn）固碳量最低仅为14.8×10⁴t。研究区域内建筑碳密度变化范围在25.9~267.18t·hm⁻²之间（图7-9）。各行政区平均碳密度可以划分为三个部分，其中以和平区（Hp）最高，为185.81t·hm⁻²；皇姑区（Hg）、沈河区（Sh）、铁西区（Tx）处于第二部分，碳密度依次减小，分别为135.7t·hm⁻²、132.36t·hm⁻²和129.68t·hm⁻²；于洪区（Yh）、浑南区（Hn）、大东区（Dd）碳密度在7个行政区中处于最低位置，分别为106.29t·hm⁻²、100.53t·hm⁻²、99.54t·hm⁻²。这种差异一方面受建设时序的影响，和平区（Hp）是沈阳市历史悠久、比较发达的中心城区，建设时间最早，碳密度最高；皇姑区（Hg）、沈河区（Sh）、铁西区（Tx）、大东区（Dd）建设时间基本相同，但由于大东区（Dd）以

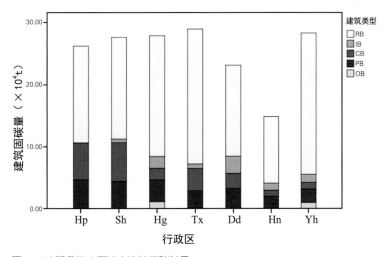

图7-8 沈阳各行政区城市建筑固碳总量

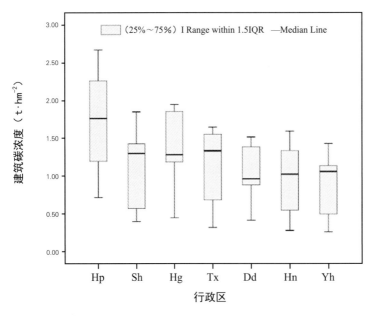

图7-9 沈阳各行政区城市建筑碳密度

汽车及其零部件、飞机发动机、机械装备、生物制药、仪器仪表等先进制造业形成了产业集群,建筑容量普遍偏低,在碳密度上低于其他各区;浑南区(Hn)和于洪区(Yh)都属于伴随城市扩张新建的新型城区,碳密度低于城市平均水平。

## 7.3.3 基于建筑容量的固碳空间分布

城市建筑容量与建筑固碳量呈正相关,在一定程度上能够反映建筑固碳量情况与变化。在整个研究区域建筑占地面积为14245.38hm$^2$,约占31.31%。研究表明:①按照不同等级划分后的建筑容量由大到小依次为IV级(182828.35×10$^4$m$^3$)、II级(122307.59×10$^4$m$^3$)、III级(118959.24×10$^4$m$^3$)、V级(28974.72×10$^4$m$^3$)、I级(15762.69×10$^4$m$^3$),建筑固碳量由大到小对应的依次为64.69×10$^4$t、47.07×10$^4$t、43.03×10$^4$t、9.87×10$^4$t、5.52×10$^4$t。由表7-6可以看出,建筑容量越大,建筑固碳量越大;容量百分比越高,固碳量百分比也越高。②城市建筑碳密度在不同建筑容量等级的分布中具有明显差异,其中,建筑容量I级碳密度最低,为51.28t·hm$^{-2}$,建筑容量V级碳密度最高,达到171.35t·hm$^{-2}$,碳密度变化与建筑容量等级正相关,即建筑容量等级越高碳密度越高。

| 建筑容量分级 | 占地面积（hm²） | 面积百分比（%） | 建筑容量（×10⁴m³） | 容量百分比（%） | 建筑固碳量（×10⁴t） | 固碳量百分比（%） | 碳密度t·hm⁻² |
|---|---|---|---|---|---|---|---|
| Ⅰ级 | 1075.84 | 7.55 | 15762.69 | 3.36 | 5.52 | 3.24 | 51.28 |
| Ⅱ级 | 5687.39 | 39.92 | 122307.59 | 26.09 | 47.07 | 27.66 | 82.75 |
| Ⅲ级 | 3078.66 | 21.61 | 118959.24 | 25.37 | 43.03 | 25.29 | 139.75 |
| Ⅳ级 | 3827.72 | 26.88 | 182828.35 | 39.00 | 64.69 | 38.01 | 168.99 |
| Ⅴ级 | 575.78 | 4.04 | 28974.72 | 6.18 | 9.87 | 5.80 | 171.35 |
| 总计 | 14245.38 | 100 | 468832.60 | 100 | 170.16 | 100 | 119.45 |

　　不同建筑类型中各容量等级占地比例与固碳情况差别较大。Ⅰ级区域与Ⅴ级区域的占地比例最小，其中Ⅰ级区域在RB、IB、CB与PB中占地比例为4.51%~9.14%，均小于10%，在OB中为13.28%；Ⅴ级区域在CB中占比最高，达20.98%，在其余四类建筑中占比为0.83%~5.64%。Ⅱ级区域与Ⅳ级区域在各类建筑中，占地比例比较接近，分别为21.36%~47.04%和21.45%~37.72%，其中RB在Ⅱ级区域占比最大，在Ⅳ级区域占比最小（图7-10）。各类建筑类型中Ⅲ级区域占比略小于Ⅱ级与Ⅳ级区域，也比较接近，分布范围在15.43%~23.4%之间。由于不同容量等级的碳密度不同（表7-6），因此各建筑容量等级占比情况直接影响建筑固碳量分布。除CB外，Ⅱ级区域、Ⅲ级区域与Ⅳ级区域为各类建筑固碳主要分布区

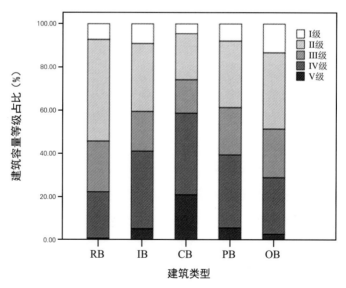

图7-10　不同类型建筑容量等级占比

域，占比达到86.29%~95.61%；CB固碳量最高的为Ⅳ级区域，其次为Ⅴ级区域、Ⅲ级区域与Ⅱ级区域，Ⅰ级区域固碳量最小（图7-11）。

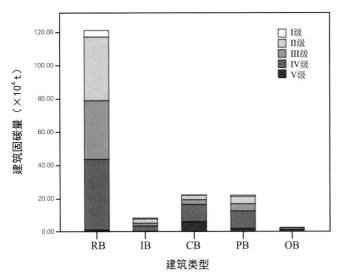

图7-11 不同类型建筑容量等级固碳量

不同类型建筑固碳量随时间变化曲线如图7-12所示。

通过比较不同类型建筑每五年固碳增量可以发现（图7-13），变化量最大的为居住建筑，其次为商业建筑、公共服务建筑、工业建筑，其他建筑变化量范围最小。一方面反映出了城市化进程初期居住建筑的巨大建设量，另一方面也体现了居住建筑巨大的固碳潜力。比较每五年的增加量可以发现，居住建筑增加量呈现持续增长的趋势，但在近五年趋于平衡状态，增加量基本保持不变。工业建筑与公共服务建筑固碳增加量在2009年达到顶点，后逐渐下降。商业建筑固碳量在2014年增量最大，后逐渐下降。其他建筑固碳增量由于量值较小，变化并不明显。

城市化进程不断推进，建成区域不断向外扩张的同时城市内部也在进行改造。分析现有仅存城市建筑的建设时间可以发现，1980年以前的建筑固碳量基本趋近于零，这一方面是由于目前现存建筑中1980年以前的建筑很少，另外有一部分保护建筑其主要材料为砖砌结构，混凝土用量较小，固碳量相对较低。从1980年以后，城市建筑固碳量开始初步积累，1990年以后，居住建筑成为城市建筑固碳的主体，其固碳量明显高于其余建筑类型。在现有各类建筑中，2000年与2004年建设的建筑固碳量达到峰值，此后除居住建筑在2009年固碳量有所回升外，其余建筑固碳量呈递减趋势（图7-14）。

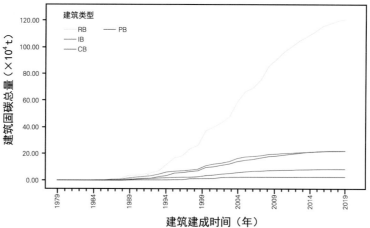

图7-12 不同类型建筑固碳量随时间变化曲线

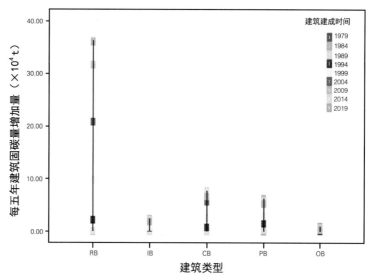

图7-13 不同类型建筑每五年固碳增量

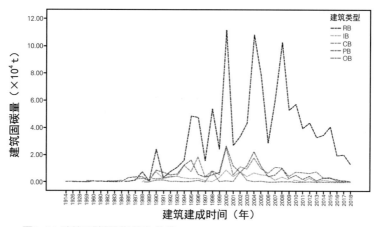

图7-14 建筑固碳量时间变化曲线

不同时期建筑碳密度也呈现不同特点（图7-15）。在总体趋势上，随着建设年代的推进，建筑碳密度逐渐降低，不同建筑类型不同时期的碳密度变化略有差异。居住建筑碳密度在整体上呈现先降低后升高，在近三十年趋于平衡的特点。公共服务建筑在1949年后呈现爆发趋势，1979年后降低。商业建筑碳密度在1949—1979年为最大值，在1980—1989年降为最低值后再次升高，在近三十年与工业建筑和其他建筑相同，呈逐渐降低趋势。这一方面受城市发展与建设量的影响，另一方面也与建筑自身特点有关。

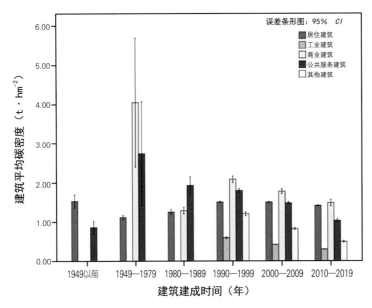

图7-15 不同时期建筑碳密度比较

## 7.3.4 基于建设年代的固碳空间分布

城市化进程不断推进，建成区域不断向外扩张的同时城市内部也在进行改造。分析现有仅存城市建筑的建设时间，可以发现随着时间的增加，不同建筑类型的固碳量呈现逐渐递增趋势。对比改革开放40年不同类型建筑固碳量变化可以发现（图7-12），在前十年（1979—1989年）建筑固碳量并没有明显变化，基本呈现水平状态。1989—1999年，建筑固碳量呈现逐渐增加趋势，其中以居住建筑增加最为明显，其次为公共服务建筑与商业建筑，工业建筑与其他建筑变化并不明显。1999—2009年，居住建筑固碳量显著增大，公共服务建筑与商业建筑固碳量基本持平，公共建筑略高于商业建筑，工业建筑固碳量与之前相比有明显增加，其他建筑固碳量略有增加。2009—2019年，居住建筑进一步扩大增加趋势，商业建筑固碳量超过公共服务建筑居于第二位，工业建筑固碳量增速不变，增大与其他建筑之间的差距，其他建筑固碳量没有明显变化。

# 7.4 本章小结

根据前几章关于土壤、植被以及水系碳汇能力的研究结果，本章将土壤、绿地及水系的碳汇进行耦合，明确了研究区域的自然碳汇空间格局，总结分析了城市自然碳汇系统的影响因素。研究结果表明：

（1）土壤、植被和水系的碳汇能力耦合，植被与土壤的碳汇能力为强的正相关，土壤的碳汇能力随着植被覆盖度的增加而增加；植被对水体的碳汇影响较小，但水体对植被的碳汇具有促进作用；由于硬质堤岸的作用，阻隔了土壤、植被与水体之间碳汇活动的相互影响。整个研究区域中，土壤、植被和水系共同构成了城市自然碳汇系统，其碳储总量为5.47Tg，并获得城市自然碳汇系统的碳汇空间分布图；影响城市自然碳汇系统能力的因素包括自然条件、城市用地类型、城市扩张以及人为干扰水平等。

（2）利用ArcGIS软件绘制出城市建筑固碳空间分布，从城市总体空间分布情况，各行政区固碳空间分布情况，不同梯度分布情况以及基于建筑容量、建筑类型、建设年代的空间分布特点等方面，分析了城市建筑固碳空间分布特征。结果表明：①研究区域范围内城市建筑总固碳量为1.702Tg（170.160×10$^4$t），固碳量高值区呈现出一定集聚性特点，总体固碳空间分布较为均匀；城市建筑平均碳密度为119.45t·hm$^{-2}$，呈现城市中心到郊区逐渐降低的特点；②各行政区固碳量大小依次为铁西区＞于洪区＞皇姑区＞沈河区＞和平区＞大东区＞浑南区，各区碳密度表现为和平区＞皇姑区＞沈河区＞铁西区＞于洪区＞浑南区＞大东区；③建筑固碳量与建筑容量密切相关，随着容量增加与容量等级升高，建筑固碳量与碳密度均呈现增加趋势；④从现有仅存建筑的建成时间来看可以发现，随着时间的增加不同建筑类型的固碳量呈现逐渐递增的趋势。

Urban Ecosystems

第 **8** 章

景观格局对城市生态系统碳汇影响机制

利用景观生态学的研究方法对研究区域内的绿地景观格局进行评价分析是本部分研究的主要内容。在景观生态学中，各种自然形成与人工构成的大小、形态各异的景观要素相互嵌套，共同构成了区域内的景观格局。景观格局分析在模拟城市发展过程、城市成区与自然斑块间生态过程的研究中起到重要作用[58]。

# 8.1 景观格局指数分析

景观格局指数作为景观生态学中用于描述景观格局的定量化研究方法，其应用主要是以不同景观指数对景观格局进行分析评价，并以此来将生态过程与景观格局特征建立数量联系。景观格局指数运算方法是景观格局评价分析的重要手段。因而，本研究将计算得到的景观指数作为景观格局评价的依据，利用景观分析软件Fragstats4.2 与 ArcGIS 平台可以分别实现研究区域内绿地斑块景观指数的计算与空间可视化。

景观格局指数是定量描述景观格局的重要途径之一，其具有抽象概括景观格局信息的特点，能够反映斑块、景观类型以及整个景观三个尺度的规模、分布、结构、形态等多个维度的景观特点。现阶段景观格局指数多达277个，且仍有新的景观格局指数不断出现，目前对于景观格局指数的分类还没有统一标准。

## 8.1.1 景观格局指数选择

### （1）城市绿地景观格局指数

本书主要从绿地斑块规模、形态及其分布特征三个方面入手，选取7类景观格局指数进行分析计算，以此描述沈阳城区绿地景观格局的特征[35,41,59]。在绿地斑块规模特征方面选取斑块类型面积（$CA_G$）、斑块密度（$PD_G$）、最大斑块占比（$LPI_G$）三个指数进行测度，斑块类型面积可直观地评价研究范围内的绿地规模，而斑块密度则

---

注：绿地景观格局指数和建筑景观格局指数分别以 G 和 B 的下角标进行区分。

能在一定程度上反映出绿地在研究范围内的分布形态和破碎程度；绿地斑块形态特征方面选取景观形状指数（$LSI_G$）进行描述，能有效地反映绿地斑块边缘的复杂程度，通过数值描述出绿地的形态；绿地斑块分布特征选取景观破碎度（$LDI_G$）、景观连接度（$Connect_G$）和斑块内聚力指数（$Cohesion_G$），对研究区域内的绿地系统格局进行评价。表8-1详细说明了城市绿地各景观格局指数的计算方法。

城市绿地景观格局指数计算方法　　　　　　　　　　　　　表8-1

| 评价内容 | 景观格局指数名称 | 景观格局指数计算公式 |
|---|---|---|
| 绿地斑块规模特征 | 斑块类型面积（$CA_G$） | $$CA_G = \sum_{j=2}^{n} a_{ij}$$ $a_{ij}$ 为绿地斑块 $ij$ 的面积（m²）；$n$ 为绿地斑块数目 |
| | 斑块密度（$PD_G$） | $$PD_G = \frac{n_j}{A}$$ $n_j$ 为类型 $j$ 的斑块数目；$A$ 为研究区域总面积（m²） |
| | 最大斑块占比（$LPI_G$） | $$LPI_G = \frac{\max(a_i)}{A}(100)$$ $a_i$ 为绿地斑块第 $i$ 个研究范围内最大绿地斑块的面积（m²），$A$ 为研究区域总面积（m²） |
| 绿地斑块形态特征 | 景观形状指数（$LSI_G$） | $$LSI_G = \frac{p_i}{2\sqrt{\pi * A_i}}$$ $P_i$ 为第 $i$ 个绿地斑块的周长；$A_i$ 为第 $i$ 个绿地斑块的面积（m²） |
| 绿地斑块分布特征 | 景观破碎度（$LDI_G$） | $$LDI_G = 1 - \sum_{j=2}^{n}\left(\frac{a_{ij}}{A}\right)^2$$ $a_{ij}$ 为绿地斑块 $ij$ 的面积（m²），$n$ 为绿地斑块数目，$A$ 为研究区域总面积（m²） |
| | 景观连接度（$Connect_G$） | $$Connect_G = \left[\frac{\sum_{j=k}^{n} c_{ijk}}{\frac{n_i(n_i-1)}{2}}\right] * 100$$ $n_i$ 为具有最近距离的类型 $i$ 的斑块数目；$c_{ijk}$ 设定距离下同一类型 $j$ 和 $k$ 间连接 |
| | 斑块内聚力指数（$Cohesion_G$） | $$Cohesion_G = \left[1 - \frac{\sum_{j=1}^{n} p_{ij}}{\sum_{j=1}^{n} p_{ij}\sqrt{a_{ij}}}\right]\left[1 - \frac{1}{\sqrt{A}}\right]^{-1} * 100$$ $p_{ij}$ 为斑块 $ij$ 的周长（m），$A$ 为研究区域总面积（m²） |

通过 Fragstats4.2 软件，进行各类景观格局指数的计算。Fragstats 软件是由俄勒冈州立大学的 McGarigal 博士和 Barbara Marks 于1995年开发的一款分类地图的空间模式分析程序软件，目前已经推出四个版本。运用软件可以计算研究范围内整体的景观格局指数数值，也可以通过移动窗口算法将景观格局指数数值的空间分布情况用栅格数据的方式展现出来，更加直观地分析其分布状况。针对研究区域的尺度特征，设置大小为 100m×100m 的矩形采样窗口来计算邻近值，以此计算出各类景观格局指数。计算中的分析参数设置为8邻域法计算，即对每个像元周边8个方向的像元进行计算，进而得到景观格局指数数值。用地分类根据城市用地分类标准进行了调整，分别是公共服务用地、工业用地、居住用地、水系、交通设施用地、绿地、商业设施用地、农林用地、未利用地。通过 ArcGIS 平台对用地数据进行栅格化处理，像元大小为5m，背景值为−9999，获得土地利用的栅格数据。最后进行缓冲插值形成 $CA_G$、$PD_G$、$LPI_G$、$LSI_G$、$LDI_G$、$Connect_G$ 及 $Cohesion_G$ 7个景观格局指数的计算结果。

### （2）城市建筑景观格局指数

本书基于城市建筑自身特点与相关文献研究，从水平空间与垂直空间两个方面筛选出景观格局指数，以此描述沈阳三环范围内建筑景观格局特征。

水平空间特征方面选取斑块密度（ $PD_B$ ）和景观形状指数（ $LSI_B$ ）两个指标进行测度；垂直空间特征方面选取建筑平均高度（ $AH_B$ ）、景观高度标准差（ $LNSD_B$ ）、建筑平均高度变异系数（ $CV_B$ ）与建筑体形系数（ $SC_B$ ）[271]这4个指标来描述建筑景观在三维空间上的变化。表8-2中详细说明了各景观格局指数的计算公式及在研究中的意义。

城市建筑景观格局指数选择      表8-2

| 评价内容 | 景观格局指数名称 | 景观格局指数计算公式 | 本研究中的意义 |
|---|---|---|---|
| 水平空间特征 | 斑块密度（ $PD_B$ ） | $$PD_B = \frac{n_i}{A}$$ $n_i$ 为建筑斑块的数量；$A$ 为研究区域建筑占地面积 | 研究范围内建筑斑块数量分布上的密度，其在一定程度上反映了景观的分割程度 |
| | 景观形状指数（ $LSI_B$ ） | $$LSI_B = e_i / \min(e_i)$$ $e_i$ 为景观类 $i$ 的总边缘长度；$\min(e_i)$ 为相应类最大聚集程度下的最小边缘长度 | 反映建筑基底轮廓形状的复杂程度，$LSI_B$ 值越大，景观越离散、不规则；$LSI_B$ 值越小，景观越聚集、简单 |

| 评价内容 | 景观格局指数名称 | 景观格局指数计算公式 | 本研究中的意义 |
|---|---|---|---|
| 垂直空间特征 | 建筑平均高度（$AH_B$） | $$AH_B = \sum_{i=1}^{n} H_{ij} / n_i$$ $AH_B > 0$，无上限；$H_{ij}$ 为第 $i$ 类建筑物第 $j$ 个建筑物的高度；$n_i$ 为第 $i$ 类建筑物的数量 | 用来反映城市建筑物高度的整体水平与城市在垂直方向上的扩张状况，$AH_B$ 越大，城市建筑物高度越高，城市越向垂直方向扩张 |
| | 景观高度标准差（$LNSD_B$） | $$LNSD_B = \left[\frac{1}{n}\sum_{i=1}^{n}(H_i - AH_B)^2\right]^{0.5}$$ $LNSD_B > 0$，无上限；$H_i$ 为第 $i$ 个建筑物的高度；$AH_B$ 为建筑物的平均高度；$n$ 为建筑物数量 | 用来反映一定范围内城市建筑景观高度的变异程度，$LNSD_B$ 值越大，建筑物高度的变异程度越大 |
| | 建筑平均高度变异系数（$CV_B$） | $$CV_B = \frac{1}{AH_B}\left[\frac{1}{n}\sum_{i=1}^{n}(H_i - AH_B)^2\right]^{0.5}$$ $H_i$ 为第 $i$ 个建筑物的高度；$AH_B$ 为建筑物的平均高度；$n$ 为建筑物数量 | 用来反映区域内建筑平均高度的差异规律与不平衡状况，$CV_B$ 越大，建筑平均高度的区域差异越大，但是变异系数忽略了区域间的空间联系 |
| | 建筑体形系数（$SC_B$） | $$SC_B = \frac{P \cdot H + F}{F \cdot H}$$ $0 < SC_B < 1$；$H$ 为建筑高度；$F$ 为建筑底面积；$P$ 为建筑底面周长 | 指建筑物与室外大气接触的外表面积（$m^2$）和与其所包围的体积（$m^3$）之比，即单位建筑物体积所占有的外表面积。用来反映建筑物空间热散失面积的大小与能耗的多少 |

## 8.1.2 自然生态系统景观格局特征

在沈阳城区尺度对绿地景观格局进行评价，首先通过 Fragstats4.2 软件的移动窗口算法分别计算出绿地规模、绿地形状、绿地分布三类景观格局指数，然后应用 ArcGIS 平台对计算结果进行可视化表达，最终得到数据的空间分布情况以及数值分布特征。对各指数在沈阳市城区的空间分布以及数值分布进行分析，得到如下结果：

### （1）绿地斑块规模特征

绿地斑块类型面积（$CA_G$）表示的是研究范围内的所有绿地斑块面积之和。在进行计算时实际上是每 100m×100m 中绿地斑块面积之和，可以将 $CA_G$ 值看作绿地率的计算。沈阳城区范围内从空间分布上看，数值分布较高的位置主要集中在二环外城市化程度较低的位置以及北陵公园与浑河生态绿带两侧（图8–1）。在其他下垫面硬质化程度较高的区域内，$CA_G$ 则呈现出高低不均的态势，且空间分布较为分散，其主要绿地类型为街头公园绿地以及路边的防护绿地。从数据样本上看，大部分区域的 $CA_G$ 集中于 0~5hm$^2$ 范围内，三环内 $CA_G$ 的平均值在5.9hm$^2$，大型绿地斑块数量较少，小型绿地斑块数量较多。

$PD_G$ 方面，在三环范围内显现出较为均质的形态，$PD_G$ 较高的位置呈团簇状分布于各区域内，没有出现较为集中的位置（图8-2）。由于 $PD_G$ 计算方法是范围内斑块数量与范围面积之比，因此也可以作出判断，城区内部绿地数量在空间上呈现出相对平均的分布状态，但 $PD_G$ 较高区域的绿地更为破碎，不透水面对于绿地的分割更为明显。从数值分布上看，研究区域内 $PD_G$ 的最大值在30%左右，平均值为12.54%，分布基本满足正态分布。

$LPI_G$ 有效地反映了绿地在城市景观中的优势度强弱。城区内 $LPI_G$ 分布较为清晰，整体呈现出城市中心区数值较小的特征。在城市核心区绿地斑块属于弱势景观

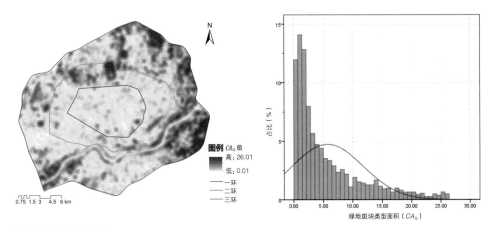

图8-1 $CA_G$ 分布情况

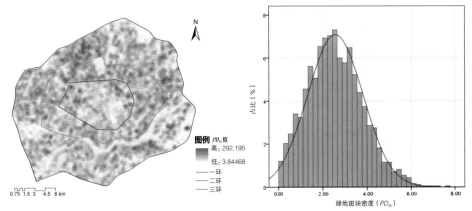

图8-2 $PD_G$ 分布情况

类型，城区外围出现大面积的绿地景观（图8-3）。在数值分布上，$LPI_G$ 主要集中在 20% 以下，平均值出现在 16.73%，呈现高值分散、低值聚集的分布形态。

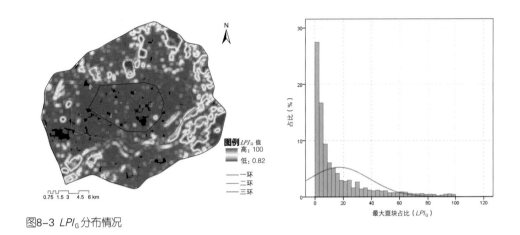

图8-3 $LPI_G$ 分布情况

## （2）绿地斑块形态特征

在绿地斑块的形态特征上，选取的 $LSI_G$ 数值越高说明绿地形状越不规整，边界越复杂。城区内部的 $LSI_G$ 普遍较低，斑块形状较为规律（图8-4），一般为方形绿地，一方面由于城区绿地斑块较小，另一方面也因为城区内部各类斑块受人工干扰较大，城市用地中的公园绿地、防护绿地一般都沿道路布置或被道路切割，进而出现较为方正的边界。而滨水地段斑块与核心区外围大片未受人工环境影响的斑块则较为复杂。在浑河两岸这种态势尤其明显，曲折复杂的绿地斑块边界能够较大限度地保障绿地整体的生态效应，这对于浑河滨水生态绿带的构建尤为重要。

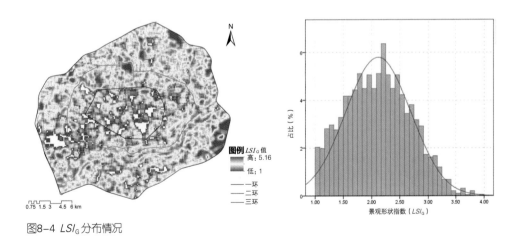

图8-4 $LSI_G$ 分布情况

### （3）绿地斑块分布特征

$LDI_G$ 表示的是研究范围内绿地斑块的破碎程度，区别于$PD_G$值仅仅对绿地数量的描述，$LDI_G$ 的计算还涉及不同面积大小的绿地斑块占所有绿地斑块的数量比。在沈阳城区内，$LDI_G$值的空间分布情况与上文预测情况一致，在三环范围内绿地斑块整体破碎度较高，大部分区域斑块破碎，人为扰动强烈（图8-5）。只有在大型绿地集中的区域，破碎度下降较快。从图8-5可以看出，在浑河两岸以及卫工明渠、新开河、南运河所串联形成的绿地廊道作用明显，有效降低了绿地的破碎化，也形成了城区内绿地系统的骨架。在数值上，数值大小两极化明显，但总体破碎度较高。

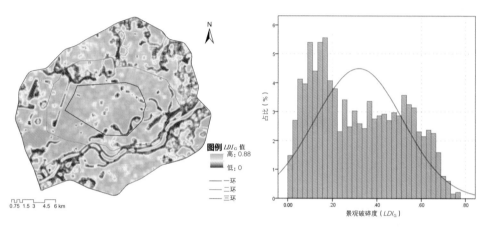

图8-5 $LDI_G$分布情况

$Connect_G$ 表示的是研究区域范围内绿地斑块间的连接程度。城区内的 $Connect_G$ 总体不佳（图8-6），在城市核心区域$Connect_G$ 最低，由核心向外拓展，连接度有所升高，出现局部 $Connect_G$ 较高的区域。

$Cohesion_G$ 是指研究范围内绿地斑块的集中程度，数值较高的区域，绿地斑块的分布就会越聚集，反之则会越离散。在沈阳城区内，绿地 $Cohesion_G$ 的分布比较平均，在三环范围内 $Cohesion_G$ 较高，大部分绿地分布非常集中（图8-7）。二环内绿地斑块聚集区主要集中于水系串联的绿网周围，在数值分布上，$Cohesion_G$ 均值为 0.73，标准差为 0.119，数值较小，同样说明绿地在三环范围内的聚集程度相差不多，较为平均。

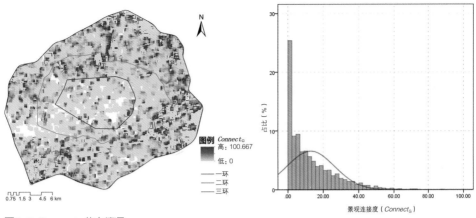

图8-6 *Connect*<sub>G</sub> 分布情况

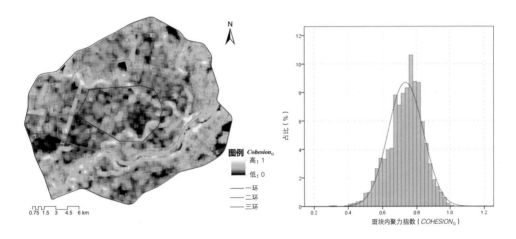

图8-7 *Cohesion*<sub>G</sub> 分布情况

## 8.1.3 人工生态系统景观格局特征

### （1）建筑景观水平空间特征

$PD_B$ 方面，在三环范围内斑块密度较高的位置呈现团簇状的分布特点，中心区域的高密度斑块数量高于其他位置（图8-8）。在计算 $PD_B$ 时，用采样窗口范围内斑块数量与采样窗口面积之比来表达，因此可以判断出在城市中心区的建筑密度高于城市边缘区，其城市化程度更高，这与城市的发展进程相吻合。

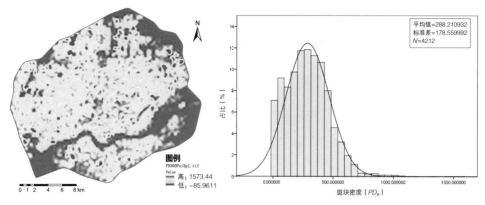

图8-8 $PD_B$ 分布情况

$LSI_B$ 表达了建筑基底轮廓的规则程度，数值越高，建筑基底轮廓越不规则。通过分析可以发现（图8-9），在三环范围内，$LSI_B$ 呈现出较均值的分布特点，在城市内部 $LSI_B$ 普遍偏高，主要是由于城市建筑性质与建筑功能呈现的多样性的影响。浑河南岸的 $LSI_B$ 低于浑河北岸，是由于浑南地区大面积的居住用地使得建筑轮廓变化复杂程度较小。

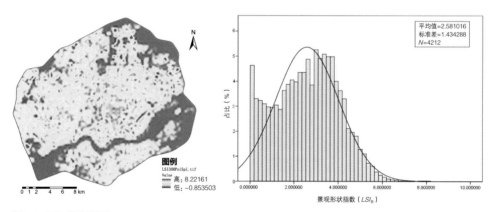

图8-9 $LSI_B$ 分布情况

## （2）建筑景观垂直空间特征

$AH_B$ 直观表达了建筑在三维空间上的分布特点。如图8-10所示，$AH_B$ 数值较高区域在浑河南岸分布相对集中，其他区域呈现均质分布的特点，南北"金廊"与浑河两岸的建筑平均高度优势明显。

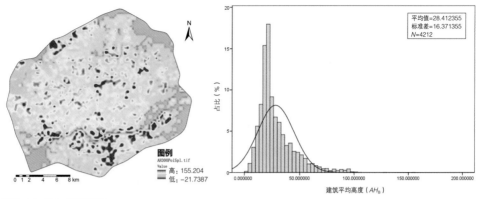

图8-10 $AH_B$ 分布情况

在建筑景观垂直空间特征指数方面，选取的 $LNSD_B$ 与 $CV_B$ 二者原理相近，均表达了建筑高度的变化情况，数值越高，建筑物高度的变化程度越大（图8-11、图8-12）。城区内二者数值呈现相似的变化特点，数值较高区呈现较为均质的分布形态，说明在整个研究区域内建筑的变化情况复杂、高低错落明显。

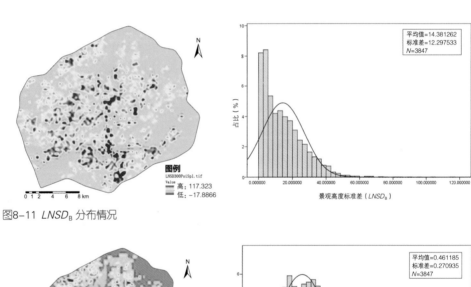

图8-11 $LNSD_B$ 分布情况

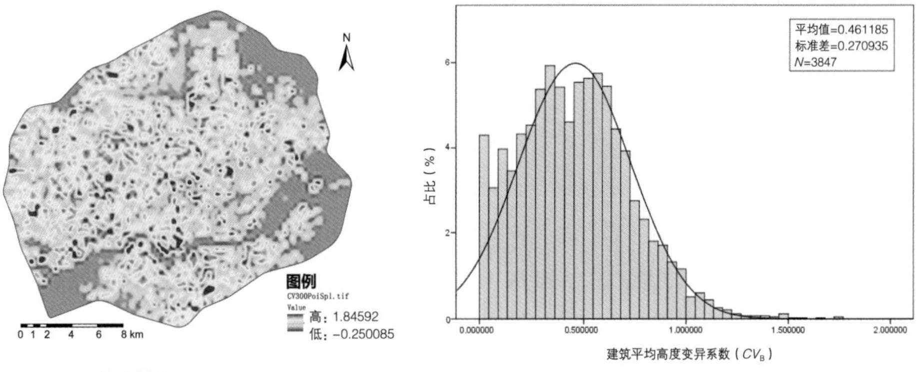

图8-12 $CV_B$ 分布情况

$SC_B$ 在城区内分布较平均（图8-13），仅在三环边缘位置呈现出几个高值聚集地，其对应的用地属性以工业用地为主。说明研究区域内建筑整体处于相对较低水平，建筑耗能情况基本相近。

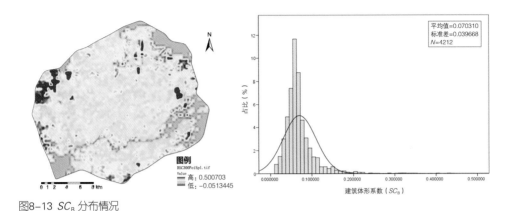

图8-13 $SC_B$ 分布情况

## 8.2 景观格局指数对自然碳汇的影响机制

将景观格局指数与土壤、植被和总碳储量进行相关性分析，得到表8-3。

斑块指数与总碳储量相关性分析　　　　　　　　　表8-3

|  | $CA_G$ | $PD_G$ | $LPI_G$ | $LSI_G$ | $LDI_G$ | $Connect_G$ | $Cohesion_G$ |
|---|---|---|---|---|---|---|---|
| 土壤碳储量 | 0.302** | 0.022 | 0.258** | 0.025 | -0.109** | 0.084** | 0.344* |
| 植被碳储量 | 0.877** | -0.267** | 0.892** | -0.009 | -0.328** | 0.286** | -0.020 |
| 总碳储量 | 0.614** | -0.108** | 0.587** | 0.014 | -0.241** | 0.191** | 0.268** |

注：** 表示在 0.01 级别（双尾）相关性显著，* 表示在 0.05 级别（双尾）相关性显著。

由表8-3分析，各斑块指数对土壤、植被和总碳储量的相关性表现均有所差异。斑块指数对植被碳储量的相关性均高于对土壤的相关性。其中植被碳储量与 $CA_G$、$LPI_G$ 相关系数达到0.877和0.892，为强的正相关，与 $PD_G$、$LDI_G$、$Connect_G$ 为弱相关性，与 $LSI_G$、$Cohesion_G$ 不相关；土壤碳储量与各斑块指数的相关性均低于植被，且与 $PD_G$、$LSI_G$ 不具有相关性；在土壤和植被碳汇的综合作用下，总碳储量与$CA_G$、$LPI_G$具有强相关性，相关系数分别为0.614、0.587，与$Connect_G$和$Cohesion_G$为弱的正相关，与$PD_G$、$LDI_G$为弱的负相关，与$LSI_G$不相关。

以上分析表明，$CA_G$、$LPI_G$的增加对提高绿地碳汇功能具有核心影响作用，$Connect_G$和$Cohesion_G$的增加对提高绿地碳汇功能具有辅助影响作用，$LDI_G$和$PD_G$的增加会降低绿地碳汇功能，$LSI_G$的变化不会影响碳汇。

# 8.3 景观格局指数对人工碳汇的影响机制

## 8.3.1 景观格局指数与建筑固碳相关性分析

在分析景观格局指数对建筑固碳空间格局的影响规律时，首先要保证尺度的一致性。因此，选择与景观格局指数相同的300m×300m采样窗口，利用ArcGIS空间分析工具对建筑固碳量空间分布情况进行进一步分析，得到沈阳三环建筑固碳空间格局分布图（图8-14）。

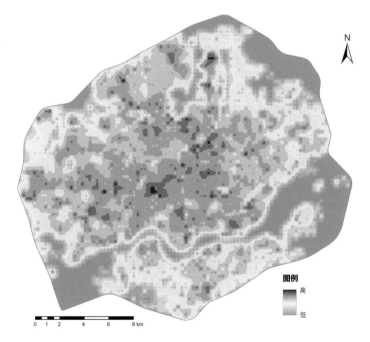

图8-14 沈阳三环建筑固碳空间格局分布图

通过构建景观指数与建筑固碳空间格局数据矩阵，利用 Pearson相关性分析工具计算景观格局指数与固碳量之间的相关系数并进行显著性检验，按照0~1的大小序列将其分为不同等级，并通过显著性水平进行验证（表8-4）。

建筑固碳量与景观格局指数因子的Pearson相关性矩阵　　　表8-4

| | $PD_B$ | $LSI_B$ | $AH_B$ | $CV_B$ | $LNSD_B$ | $SC_B$ | 建筑固碳量 |
|---|---|---|---|---|---|---|---|
| $PD_B$ | 1 | | | | | | |
| $LSI_B$ | 0.941** | 1 | | | | | |
| $AH_B$ | 0.297** | 0.322** | 1 | | | | |
| $CV_B$ | 0.403** | 0.425** | 0.491** | 1 | | | |
| $LNSD_B$ | 0.257** | 0.279** | 0.732** | 0.834** | 1 | | |
| $SC_B$ | 0.337** | 0.346** | -0.021 | 0.312** | 0.016 | 1 | |
| 建筑固碳量 | 0.392** | 0.448** | 0.595** | 0.353** | 0.475** | -0.066** | 1 |

注：** 表示在置信度（双测）为 0.01 时，相关性是显著的。

根据建筑固碳量与景观格局指数的分析结果可以发现，$PD_B$、$LSI_B$、$AH_B$、$CV_B$、$LNSD_B$与$SC_B$与建筑固碳量均呈现出0.01级别的显著相关。根据相关系数正负值，可以判断出除了$SC_B$呈现负相关外，其余景观格局指数均与建筑固碳量呈现正相关。各指标的相关程度强弱为：$AH_B > LNSD_B > LSI_B > PD_B > CV_B > SC_B$。由此可以判断出垂直空间建筑景观特征对固碳量的影响高于水平空间。

## 8.3.2 不同尺度景观格局指数与城市建筑固碳格局变化规律

在传统景观格局的研究中，随着尺度变化景观格局与过程、功能之间的关系复杂多变，因此不同尺度的研究成果不能不经转化而应用到其他尺度。研究不同尺度的景观格局指数与城市建筑固碳量之间的变化规律是研究不可缺少的内容。

基于ArcGIS平台创建500m×500m、1km×1km、2km×2km、4km×4km网格，对提取后的沈阳城市建筑体积进行网格分割，获取不同尺度各个网格中的城市建筑体积、固碳量与景观格局信息。

不同景观尺度下，城市建筑景观格局指数具有较大差异，在一定程度上表现出尺度的依赖性。从表8-5可以看出，随着景观尺度的增大，$PD_B$均值逐渐减小，$LSI_B$、$CV_B$、$LNSD_B$均值逐渐增大，$SC_B$基本保持不变，$AH_B$呈现不规律变化。说明沈阳城市建筑景观格局对尺度在一定程度上具有依赖性，随不同尺度变化而变化，但$SC_B$对尺度变化并不敏感（图8-15）。

不同尺度城市建筑景观格局指数　　　　　表8-5

| 尺度 | 景观格局指数 | 范围 | 均值 | 标准差 |
|---|---|---|---|---|
| 500m | 斑块密度（$PD_B$） | 12.32~26252.24 | 865.20 | 21.08 |
| | 景观形状指数（$LSI_B$） | 0.97~14.54 | 7.23 | 0.05 |
| | 建筑平均高度（$AH_B$） | 3.0~148.19 | 27.80 | 0.28 |
| | 建筑平均高度变异系数（$CV_B$） | 0~0.39 | 0.01 | 0.00 |
| | 景观高度标准差（$LNSD_B$） | 0~105.69 | 15.62 | 0.25 |
| | 建筑体形系数（$SC_B$） | 0.07~0.28 | 0.25 | 0.01 |
| 1km | 斑块密度（$PD_B$） | 17.45~13956.65 | 854.67 | 33.53 |
| | 景观形状指数（$LSI_B$） | 0.97~23.89 | 12.75 | 0.19 |
| | 建筑平均高度（$AH_B$） | 5.4~112.91 | 32.16 | 0.60 |
| | 建筑平均高度变异系数（$CV_B$） | 0~0.14 | 0.02 | 0.00 |
| | 景观高度标准差（$LNSD_B$） | 0~111.22 | 18.78 | 0.44 |
| | 建筑体形系数（$SC_B$） | 0.07~5.99 | 0.25 | 0.01 |
| 2km | 斑块密度（$PD_B$） | 64.67~9441.15 | 850.01 | 56.77 |
| | 景观形状指数（$LSI_B$） | 1.01~39.62 | 23.44 | 0.69 |
| | 建筑平均高度（$AH_B$） | 6.99~77.44 | 31.40 | 0.94 |
| | 建筑平均高度变异系数（$CV_B$） | 0.07~0.22 | 0.09 | 0.00 |
| | 景观高度标准差（$LNSD_B$） | 2.7~49.06 | 20.19 | 0.73 |
| | 建筑体形系数（$SC_B$） | 0.18~1.21 | 0.25 | 0.01 |

| 尺度 | 景观格局指数 | 范围 | 均值 | 标准差 |
|---|---|---|---|---|
| 4km | 斑块密度（$PD_B$） | 154.29~6208.71 | 831.07 | 113.06 |
| | 景观形状指数（$LSI_B$） | 1.01~76.33 | 40.61 | 2.59 |
| | 建筑平均高度（$AH_B$） | 10.16~53.18 | 28.48 | 1.47 |
| | 建筑平均高度变异系数（$CV_B$） | 0.04~0.68 | 0.34 | 0.02 |
| | 景观高度标准差（$LNSD_B$） | 2.70~42.16 | 20.64 | 1.28 |
| | 建筑体形系数（$SC_B$） | 0.18~0.51 | 0.24 | 0.01 |

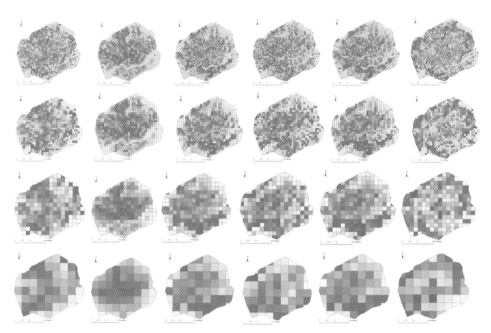

图8-15 不同尺度建筑景观格局指数分布情况
（从上至下分别为500m×500m、1km×1km、2km×2km和4km×4km尺度，从左至右分别为$PD_B$、$LSI_B$、$AH_B$、$CV_B$、$LNSD_B$和$SC_B$）

不同尺度城市建筑固碳量见表8-6。

不同尺度城市建筑固碳量（t）　表8-6

| 不同尺度 | $n$ | 极小值 | 极大值 | 均值 | 标准误差 | 总碳储 |
|---|---|---|---|---|---|---|
| 500m×500m | 3418 | 0.12 | 210474.45 | 223.59 | 87.19 | 764218.67 |
| 1km×1km | 891 | 3.06 | 263599.58 | 1180.89 | 473.01 | 1052168.54 |
| 2km×2km | 238 | 13.36 | 302701.16 | 5143.21 | 1840.49 | 1424083.33 |
| 4km×4km | 67 | 179.53 | 399670.23 | 23288.47 | 8353.44 | 1560327.18 |

通过分析不同尺度的建筑景观格局指数可以发现，不同尺度下的城市建筑景观结构与分布具有明显差异。利用SPSS中的相关性分析工具，分析不同尺度下建筑景观指数与其固碳量的关系，可以发现具有较明显的差异。从表8-7可以看出，景观格局指数与固碳量的相关性随着景观格局尺度的增大而逐渐增大。除了各尺度下的 $PD_B$ 指数和4km×4km尺度下的 $SC_B$ 指数外，其余景观指数在各尺度下与固碳量均表现为具有显著相关的特征。

不同尺度城市建筑景观格局指数与固碳量的相关关系分析　表8-7

| 建筑景观格局指数 | 500m×500m（$n$=3416） | 1km×1km（$n$=799） | 2km×2km（$n$=220） | 4km×4km（$n$=62） |
|---|---|---|---|---|
| 斑块密度（$PD_B$） | -0.145 | -0.033 | -0.032 | -0.074 |
| 景观形状指数（$LSI_B$） | 0.296** | 0.604** | 0.751** | 0.842** |
| 建筑平均高度（$AH_B$） | 0.513** | 0.548** | 0.563** | 0.588** |
| 建筑平均高度变异系数（$CV_B$） | 0.258** | 0.445** | 0.452** | 0.360** |
| 景观高度标准差（$LNSD_B$） | 0.527** | 0.610** | 0.607** | 0.539** |
| 建筑体形系数（$SC_B$） | 0.062* | 0.122* | 0.156* | 0.224 |

注：** 表示在置信度（双测）为 0.01 时，相关性是显著的；* 表示在置信度（双测）为 0.05 时，相关性是显著的。

在500m×500m尺度下，水平空间景观指数中的 $LSI_B$、垂直空间景观指数中的 $AH_B$、$CV_B$ 和 $LNSD_B$ 与建筑固碳量具有明显的正相关关系，$SC_B$ 虽然也表现出较显著（$p<0.01$）的相关性，但相关性系数数值非常小，仅为0.062，其余相关性系数

数值均较高，分别为0.296、0.513、0.258和0.527。在1km×1km尺度下，具有相关性的景观指数与500m×500m尺度中的保持一致，呈现出正相关关系，且相关性系数数值有所上升。其中$LNSD_B$、$LSI_B$和$AH_B$的相关性最大，分别为0.61、0.604和0.548。$SC_B$的相关性系数虽然有所上升，但仍为最小值0.122。在2km×2km尺度下，其变化规律与1km×1km的尺度相似，但$LSI_B$的相关性系数超过了$LNSD_B$，成为相关性最大的景观格局指数，分别为0.751和0.607，其余景观格局指数相关性系数有所上升，但没有排序变化。在4km×4km尺度下，具有相关性的景观格局指数发生了变化，$SC_B$不再成为与固碳量具有相关性的景观格局指数。$LSI_B$、$AH_B$、$CV_B$、$LNSD_B$与建筑固碳量具有较显著正相关关系，其中$LSI_B$、$AH_B$和$LNSD_B$的相关性系数最大，分别为0.842、0.588和0.539。

根据以上分析结果可以发现，在景观尺度增大的同时，各建筑景观格局指数呈现出随之增大的趋势，同时各景观格局指数与固碳量的相关性也表现出越来越强的趋势。因此通过增加$LSI_B$、$AH_B$、$CV_B$和$LNSD_B$可以增加各尺度的建筑固碳量。通过分析景观格局特征与建筑固碳量的相关关系可以说明，建筑景观格局在城市建筑固碳量估算中具有重要作用，不同尺度的选择将影响建筑固碳量估算结果的准确性。

# 8.4 本章小结

本章利用景观生态学的研究方法，通过景观格局指数，对研究区域内的景观格局特征进行评价分析，探讨景观格局对自然及人工碳汇的影响机制。

（1）景观格局指数包括城市绿地与城市建筑景观格局指数两部分：城市绿地景观格局指数包括绿地斑块$CA_G$、$LPI_G$、$PD_G$、$LSI_G$、$LDI_G$、$Connect_G$、$Cohesion_G$，城市建筑景观格局指数包括建筑斑块$PD_B$、$LSI_B$、$AH_B$、$LNSD_B$、$CV_B$、$SC_B$等；不同的指数具有不同的空间分布特征。

（2）绿地斑块$CA_G$、$LPI_G$的增加对提高绿地碳汇功能具有核心影响作用，$LDI_G$、$Connect_G$、$Cohesion_G$的增加对提高绿地碳汇功能具有辅助影响作用，$PD_G$的增加会降低绿地碳汇功能，$LSI_G$的变化不会影响绿地碳汇功能。

（3）$SC_B$与建筑固碳量显著负相关，$PD_B$、$LSI_B$、$AH_B$、$LNSD_B$、$CV_B$与建筑固碳量为显著正相关，相关程度为$AH_B > LNSD_B > LSI_B > PD_B > CV_B >$

$SC_B$。垂直空间建筑景观特征对固碳量的影响高于水平空间。随着景观尺度增大，各建筑景观格局指数呈现出随之增大的趋势，同时各景观格局指数与固碳量的相关性也表现出越来越强的趋势。$LSI_B$、$CV_B$和$LNSD_B$的增加可以增加各尺度的建筑固碳量。建筑景观格局在城市建筑固碳量估算中具有重要作用，不同尺度的选择会影响建筑固碳量估算结果的准确性。

Urban Ecosystems

第 9 章

城市生态系统碳汇
空间优化与调控策略

# 9.1 自然碳汇系统空间优化

相关研究表明，沈阳市2014年能源消耗的碳排放量大约为38.75Tg[269]。沈阳城市自然碳储量只达到年碳排放量的13.14%，城市的碳汇水平比较低。城市的土壤—植被—水系体系是紧邻城市碳源的碳汇系统，提升城市自然碳汇能力，不仅能够降低城市大气$CO_2$含量，促进气候调节，同时还能够降低空气和水污染，减少地表水径流，改善人类健康，为物种提供栖息地。

根据城市碳汇的特点及其影响因素，本书对城市的自然碳汇系统提出了优化策略，以提升城市的碳汇能力和碳储量。

## 9.1.1 优化原则

### （1）系统整合原则

以系统观念和网络化思维为基础，将城市分散零碎的土壤及绿地有机地联系在一起，从而提升自然碳汇系统的碳储能力。

### （2）生态适宜原则

城市自然碳汇系统的优化要建立在对城市自然环境充分认识的基础上，恢复和重建在过去城市开发建设过程中破坏的自然景观，提高城市生物多样性，提高城市的自然属性。

### （3）因地制宜原则

从城市的实际情况出发，重视利用城市的自然山水地貌特征，充分发挥自然环境条件的优势。同时，对于有特殊要求的区域，如环境污染严重的地区，要合理建设城市自然碳汇系统，同时也要具有抗污、减噪、防护等功能。

### （4）以人为本原则

城市自然碳汇系统能力的提升要充分考虑人的因素，既要满足居民的游憩、休闲需求，同时也要注重城市景观的可达性，方便居民出行，提高城市自然碳汇系统的生态服务功能。

### （5）文脉传承原则

城市文脉是城市在长期发展过程中，自然要素和历史文化要素相互融合的结果。城市自然碳汇系统应该体现城市历史文化氛围，展示城市文脉，为保护城市历史景观地带、构造城市景观特色、营建纪念性场所和体现城市文化氛围和文明程度起到积极作用。

## 9.1.2 优化策略

优化策略主要针对城区尺度下的碳汇空间，其分析方法主要通过形态空间格局（MSPA）方法对沈阳城市自然碳汇系统碳储量空间分布图进行分析，识别出对沈阳城市碳汇具有关键意义的核心区和廊道，并通过城市的碳汇景观连通性评价遴选出城市碳汇关键空间，再基于最小成本路径法（LCP）分析构建若干潜在廊道，进一步依据廊道结构和城市空间特点对战略点进行识别，在"关键空间—廊道—战略点"的思路下，提出沈阳城区碳汇格局的优化策略。

## 9.1.3 城市自然碳汇系统关键空间识别

对沈阳城市自然碳汇系统碳储量空间分布图进行处理。处理内容包括几个方面：①由于是对碳汇关键空间进行识别，因此识别过程中不考虑低碳区；②识别过程不考虑土壤碳汇，根据前面的分析可知，尽管研究区域土壤是城市主要碳库，但其平均碳储水平不高，大多只处于低、中碳区水平，另外，土壤为被动碳汇载体，其碳汇过程在很大程度上受到周围环境的影响，其碳汇格局通过规划设计的手段进行调控比较困难，另外土壤碳储量空间分布是基于经验贝叶斯克里金插值法，呈现连续分布状态，应用MSPA进行识别，会使识别结果出现大面积的核心区，影响碳汇关键空间识别结果的分析，因此在识别过程中不考虑土壤碳汇；③由于水系是城市重要的生态因素，因此在识别过程中加入水系碳汇。

利用ArcGIS平台的重分类工具，将处理后的沈阳城市自然碳汇系统碳储量空间分布图（图9-1）的碳汇区域像元设为前景像元，其余作为背景像元，获得沈阳城

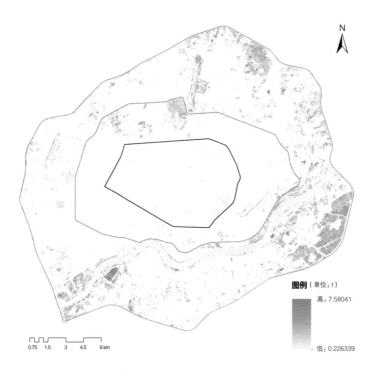

图例（单位：t）

高：7.58041

低：0.226339

图9-1 处理后的沈阳城市自然碳汇系统碳储量空间分布图

市自然碳汇空间格局的灰度二值栅格图像；运用MSPA技术处理二值栅格图，运算得到沈阳城市自然碳汇的7类景观功能类型（表9-1、图9-2）。核心区、边缘、孤岛共同构成斑块，环、连接桥和分支构成廊道。

景观类型分类统计                                                     表9-1

| 景观类型 | 面积（hm²） | 占绿地总面积比（%） | 占研究区总面积比（%） |
|---|---|---|---|
| 核心区 | 7589.53 | 62.37 | 16.75 |
| 孤岛 | 913.26 | 7.51 | 2.02 |
| 空隙 | 214.38 | 1.76 | 0.47 |
| 边缘 | 2106.47 | 17.31 | 4.65 |
| 连接桥 | 387.31 | 3.18 | 0.85 |
| 环 | 250.58 | 2.06 | 0.55 |
| 分支 | 706.37 | 5.81 | 1.56 |

图例

| | 分支 | | 穿孔 |
|---|---|---|---|
| | 孤岛 | | 边缘 |
| | 核心 | | 连接桥 |
| | 环 | | |

0　1　2　　4　　　6　　　　8 km

图9-2 沈阳城市绿地景观分类

根据表9-1和图9-2，斑块的面积为10609.26hm²，占碳汇总面积的87.19%，主要分布于沈阳城市三环区域，横贯东西的浑河是研究区域内的关键空间，一、二环区域中的斑块分布较少；由连接桥、环和分支组成的廊道面积为1344.26hm²，占城市碳汇总面积的11.05%。

景观连接度是定量表征区域内某一景观组分对生态系统物质能量交流的适宜性，对于生境保护和生态系统稳定具有重要意义。采用景观连通性分析软件Conefor，计算得到斑块的景观连接度指数（$P$），选择 $P$ 值大于0.03的200处斑块作为碳汇关键空间。将其与沈阳城市自然碳汇系统的碳储量空间分布图进行叠加，采用自然间断点分级法（Jenks），得到沈阳城市自然碳汇系统关键空间分级图（图9-3）。为消除景观连接度指数与碳储量因数值大小不同而产生的差异，将景观连接度指数与碳储量数据在归一化处理后进行叠加。

由图9-3可见，一级碳汇关键空间的碳汇能力最优，主要分布在三个区域：

①三家子水库区域；②浑河三好桥—新立堡桥区域的部分绿地；③三环东南角浑南东路、祝科路、国公寨大街及三环路围合的区域。三个区域分别属于南沟、东南山区及浑河下游的绿楔。二级碳汇关键空间主要分布在：①北陵区域；②南阳湖大桥与浑河交叉区域；③浑河三好桥—新立堡桥的大部分区域；④三环路与马松公路相交处的区域；⑤三环东南角区域。其他部分为三级碳汇关键空间，分布比较分散，主要为城市公园或街边绿地。一环区域中只出现了三级碳汇关键空间，碳汇能力极低。

值得一提的是，环城运河是一、二环区域中唯一的水系，对城市的生态环境具有重要意义。但由于环城运河及其沿河绿地规模较小，碳储量水平较低，没有成为碳汇关键空间。因此有必要对其进行优化，以提高环城运河在城市自然生态系统中的碳汇作用。

图9-3 沈阳城市自然碳汇系统关键空间分级图

## 9.1.4 碳汇廊道构建

在景观生态学中，最短路径利于生物的迁徙与扩散，形成较好生态环境，同时最短路径也有利于形成稳定的碳汇网络。应用最小累计阻力模型理论，采用LCP分析最短路径作为潜在廊道。确定各用地类型的基础阻力值大小（林地10，水域20，灌木林地30，耕地50，草地80，建筑用地1000），对筛选出来的关键碳汇空间通过ArcGIS平台的CostPath模块计算各斑块间的最小成本路径，生成潜在廊道（图9-3）。

由于城市中的建设用地较多，潜在廊道多在碳汇关键空间之间形成单一联系。由碳汇关键空间和潜在廊道共同构成的碳汇生态网络并不稳定，尤其是一、二环内，形成大量空白区域，因此需要进行优化加强，形成稳定的碳汇网络格局。

与沈阳城市绿地结构性布局（图9-4）相结合，对潜在廊道进行补充和发展，形成研究区域的碳汇潜在廊道体系（图9-5），并与城市现有的景观轴线共同构成城市自然碳汇系统网络骨架。

图9-4 沈阳城市绿地结构性布局
（图片来源：沈阳市规划设计院）

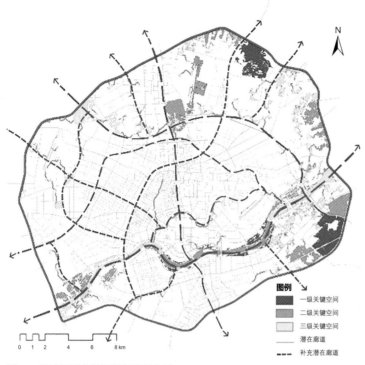

图9-5 研究区域的碳汇潜在廊道体系

图例
一级关键空间
二级关键空间
三级关键空间
潜在廊道
补充潜在廊道

## 9.1.5 战略点提取

在景观生态学中，战略点是指能够有效地控制或促进某种生态过程的关键性点。战略点的识别和提取在城市碳汇网络构建中是关键的一环，它能够稳定城市的碳汇网络，优化碳汇空间格局。

对战略点位置的识别：①廊道的交汇点，该区域聚集着大量的生物种群，生态信息丰富；②潜在廊道与城市中高等级道路的交汇点，该区域会形成碳汇的断点，对生态的物质流动造成威胁，从而影响碳汇过程；③过长潜在廊道的中间部位，廊道过长会增加廊道断裂的概率，战略点的设置可以对廊道形成保护。

根据碳汇廊道体系的空间布局，确定多个战略点（图9-6），剔除重复及距离过近的节点，并在一、二环及城市西北部分的空白区域适当增加战略点。

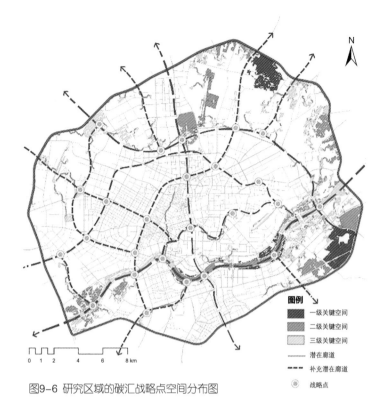

图9-6 研究区域的碳汇战略点空间分布图

## 9.1.6 城市碳汇生态网络格局

通过关键空间—廊道—战略点的识别与分析，结合沈阳城市现状的绿地建设，优化自然碳汇体系的格局，构建城市碳汇生态网络结构（图9-7）。

"一带"是指浑河碳汇景观带，以浑河及其两岸湿地和绿化形成沈阳城市内最主要的碳汇廊道。

"四区"和"三核"主要指识别出的碳汇关键空间，是沈阳城市的碳汇主体，其中"四区"为一级关键碳汇空间，面域较广，包括：①北部碳汇管控区，以大东区和皇姑区未开发用地以及沈飞机场绿地为依托形成；②东部碳汇管控区，以东陵以及棋盘山绿楔为依托形成；③东南部碳汇管控区，以浑南区未开发用地为依托形成；④西南部碳汇管控区，以浑河西出口生态湿地为依托形成。"三核"主要包括北陵公园、五里河公园和丁香湖公园等大型公园绿地，其规模和碳汇等级均比较高。

"三轴"主要结合城市现状中的道路及水系等成熟廊道，形成连接属性的城市碳汇网络骨架，包括：①青年大街碳汇景观轴；②内河碳汇轴；③西北二环碳汇轴。

青年大街景观生态廊道　　　城市铁路生态廊道

北部碳汇管控区

丁香湖公园

北陵公园

北环碳汇景观轴

东部碳汇管控区

浑运河碳汇景观带

卫工河碳汇景观轴

新开河碳汇景观轴

市府广场

万泉公园

劳动公园

南运河碳汇景观轴

五里河公园

东南碳汇管控区

西南碳汇管控区

图例

　碳汇景观带
　碳汇廊道轴线
　碳汇潜在廊道
　碳汇管控区
　碳汇关键空间核
　碳汇节点
　战略点

0  1.25 2.5    7.5    10 km

图9-7 沈阳城市碳汇网络结构体系优化

在城市建设过程中，需要对"三轴"绿地进行外扩，增加其宽度，提高连接度，真正起到连接的作用。

"多点"则是将前文提取的战略点作为未来城市碳汇建设的优先节点，结合现有绿地建成具有一定规模的街边绿地或绿地广场等，具有较高的碳汇能力。

在城市自然碳汇系统空间的优化过程中，"一带""四区"和"三核"是主要碳汇部分，是城市碳汇功能的物质基础和保障，在城市建设过程中要进行严格的保护、控制、管理，严禁破坏；"三轴"需要增加其廊道宽度，以提高"三轴"在碳汇网络中的作用和地位。战略点的建设需要结合城市现有的绿色基础设施，形成小型的集中绿地，成为碳汇关键空间，并起到连接和保护廊道的作用。碳汇网络中还存在大量的潜在网络，多是沿着城市道路布局，可以结合街边绿地进行建设，作为碳汇网络的有力补充。

针对沈阳城市现有的"外环高，内环低""东南高，西北低"的碳汇空间格局特点，优化后的城市碳汇网络结构不仅能够加强沈阳城市东南部的高水平碳汇网络，还利用"三轴"和新增若干的战略点有效填补了一、二环及城市西北部的高碳汇空白区，并将其与沈阳城市东南部相连接形成一个碳汇的有机网络结构。

本节构建了完整的城市碳汇空间格局，为沈阳未来的以增加碳汇为目标的城市规划建设提供了理论依据，但由于研究区域大部分属于发展成熟的城市建成区，城市空间格局较为稳定，这就为战略点和潜在廊道的增补建设增加了困难。因此，实现城市的碳汇空间格局优化不能一蹴而就，需要与沈阳的城市总体规划紧密结合，在未来的几十年或者更长时间内逐步实现。

# 9.2 人工碳汇系统调控策略

## 9.2.1 构建理想建筑布局模式

提高建筑空间占有量是提升建筑碳汇直接有效的手段。但在城市建设中受其他因素影响，建筑空间占有量不可能无限度地增加，因此在满足城市建筑环境需求与内部空间需求的同时，尽量保证最大的空间占有量能够有效提升建筑固碳量。另一种情况是建筑空间占有量保持不变，增加表面粗糙度、降低天空开阔度能够有效提升建筑固碳量，并由此带来一定的溢出效益。如图9-8所示，相同的空间占有量，左图中的建筑固碳量高，开敞空间较右图中更为开阔且集中。

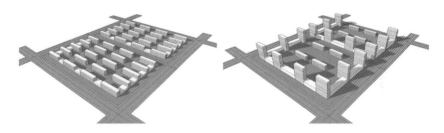

图9-8 不同建筑布局模式比较

## 9.2.2 提高地块碳密度，提升碳汇品质

通过对比城市建筑固碳量与自然碳汇可以发现，城市中心区植被、土壤与建筑的占地面积基本相仿，但建筑固碳量要远高于自然碳汇，具有较高的固碳能力（表9-2）。通过充分发挥建筑固碳能力，有助于减少城市碳排放，实现城市的碳中和。以使用寿命为40年的办公建筑与公寓为例，其每平方米建筑面积的固碳量为7.0kg与6.22kg[81]，在本研究中每平方米建筑面积的平均固碳量为1.59kg，这种情况一方

面受建筑类型影响，高层建筑混凝土中的水泥比例更高；另一方面，受建筑使用时间影响。对比同一栋建筑在假定的20年、40年、60年、80年和100年使用时期的固碳量，发现100年使用寿命吸收的$CO_2$是20年的2.2倍[78]。但随着时间的增加，建筑维护将额外产生碳排放。因此，在适当范围内延长建筑的使用寿命可以有效提升建筑的固碳量。在我国，建筑的平均使用寿命远低于设计使用年限，只有35年，远低于欧美国家的65～70年，因此我国城市建筑的固碳潜力仍有很大的提升空间。

单位建筑面积固碳量比较　　　　　　　　　　　　表9-2

| 数据来源 | 碳汇量（t） | 碳密度（t·hm⁻²） | 占当年碳排放比例（%） |
|---|---|---|---|
| 城市建筑固碳量 | 1701600 | 119.45 | 4.39 |
| 城市绿地固碳量 | 1437000 | 31.73 | 3.70 |
| 城市森林固碳量 | 337000 | 33.22 | 0.87 |
| 城市表层（0～20cm）土壤固碳量 | 644000 | 39.81 | 1.71 |
| 城市水系（水体与河底20cm沉积物）固碳量 | 64000 | 34.77 | 0.17 |

## 9.2.3 增强废弃建筑垃圾的循环利用

废弃混凝土的循环利用能够有效提升建筑固碳量。建筑在使用寿命结束后会被拆除，混凝土结构会被打碎成小块，在这个过程中，混凝土的暴露面积会增大55~550倍。废弃混凝土常见的处置方式包括用于新的水泥或沥青混凝土骨料、路基和工程回填以及填埋和倾倒。我国混凝土的拆除废弃物回收利用率很低，仅为2.31%[30]，如果将废弃混凝土作为骨料进行二次利用，产生的固碳量约是建筑使用阶段的2.4倍。另外，将废弃混凝土稍加处理，可代替石笼中的填充石材，结合植物措施形成景观小品（图9-9）。

图9-9 石笼景观小品
（图片来源：网络）

### 9.2.4 加强新技术与新材料使用

采用新技术与新材料也能够提升建筑的固碳量。例如用$CO_2$代替水固化制成Solidia Concrete™材料，由其制成的产品整体碳足迹与传统混凝土相比减少了70%，将新型砌块用于建筑中会极大提升建筑的固碳能力。英国某公司将水泥原料$CaCO_3$替换成镁硅酸盐，在水泥生产阶段降低了62.5%的碳排放，同时在硬化过程中能够更多地吸收空气中的$CO_2$，从而实现建筑固碳量的提升。城市建设区的建筑采用具有$CO_2$吸收能力的材料与构件，在空间上形成"负碳性"建筑界面，将大幅提升城市整体碳汇，有效降低城市碳排放，为城市应对气候变化提供一种新的空间技术策略。

## 9.3 本章小结

本章基于前几章的研究，从自然碳汇系统与人工碳汇系统两方面提出城市生态系统的碳汇空间优化与调控策略。

（1）在城市自然碳汇系统中，应用MSPA与MCR方法识别沈阳核心城区自然碳汇生态源地、廊道以及战略点，提取现有的"关键空间—廊道—战略点"碳汇网络，并对其碳汇廊道及节点的布局进行补充和规划，结合碳汇生态源地，构建"一带、四区、三核、三轴、多点"的沈阳核心城区自然碳汇系统生态网络。

（2）在城市人工碳汇系统中，提出构建理想建筑布局模式，增加表面粗糙度，降低天空开阔度，有效提升建筑固碳量；在适当范围内延长建筑的使用寿命，提高地块碳密度，提升碳汇品质；增强废弃建筑垃圾的循环利用，以及加强新技术与新材料的使用等调控策略有利于提高和发展城市生态系统的碳汇能力。

# 参考文献

[1]  王国平. 城市学总论（中册）[M]. 北京：人民出版社，2013.

[2]  Fang J Y, Guo Z D, Piao S L, et al. Terrestrial vegetation carbon sinksin China, 1981-2000 [J]. Science in China series D: Earth science, 2007, 50（7）: 1341-1350.

[3]  Grimm N B , Faeth S H , Golubiewski N E , et al. Global change and the ecology of cities[J]. Science, 2008, 319:756 - 760.

[4]  方精云. 全球生态学：气候变化与生态响应 [M]. 北京：高等教育出版社，2000.

[5]  王绍强，周成虎，刘纪远，等. 东北地区陆地碳循环平衡模拟分析 [J]. 地理学报，2001, 68（4）: 390-400.

[6]  潘海啸，汤諹，吴锦瑜，等. 中国"低碳城市"的空间规划策略 [J]. 城市规划学刊，2008（6）: 57-64.

[7]  郭晶. 低碳目标下城市产业结构调整与空间结构优化的协调——以杭州为例 [J]. 城市发展研究，2010（7）: 25-28.

[8]  周潮，刘科伟，陈宗兴. 低碳城市空间结构发展模式研究 [J]. 科技进步与对策，2010, 22: 56-59.

[9]  Fang J Y, Guo Z D, Piao S L, et al. Terrestrial vegetation carbon sinksin China, 1981-2000 [J]. Science in China series D: Earth science, 2007, 50（7）: 1341-1350.

[10]  王绍强，刘纪远，于贵瑞，等. 中国陆地土壤有机碳蓄积量估算误差分析[J]. 应用生态学报，2003, 14( 5 ): 797-802.

[11]  方精云，郭兆迪，朴世龙，等. 1981—2000年中国陆地植被碳汇的估算[J]. 中国科学D辑，2007, 37( 6 ): 804-812.

[12]  周国模，姜培坤. 毛竹林的碳密度和碳贮量及其空间分布 [J]. 林业科学，2004, 40（6）: 20-24.

[13]  Sedjo R A. The carbon cycle and global forest ecosystem [J]. Water, Air, and Soil pollution, 1993, 70: 295-307.

[14]  Apps M J, Kurz W A. The role of Canadian forests in the global carbon budget [C]. Kanninen M ed. Carbon Balance of worlds forested ecosystems: Towardsa GlobalAssessment. Finland: SILMU, 1993, 12-20.

[15]  Dixon R K, Browns, Houghton R A, et al. Carbon pools and flux of global forest ecosystems [J]. Science, 1994, 26: 185-190.

[16]  康蕙宁，马钦彦，袁嘉祖. 中国森林碳汇功能基本估计 [J]. 应用生态学报，1996, 7: 230-234.

[17]  周玉荣，于振良，赵士洞. 我国主要森林生态系统碳贮量和碳平衡 [J]. 植物生态学报，2000, 24（5）: 518-522.

[18]  王效科，冯宗炜，欧阳志云. 中国森林生态系统的植物碳储量和碳密度研究 [J]. 应用生态学报，2001（1）: 13-16.

[19]  李晓曼，康文星. 广州市城市森林生态系统碳汇功能研究 [J]. 中南林业科技大学学报，2008, 28（1）: 8-13.

[20] 李忠伟, 陈少雄, 吴志华, 等. 桉树人工林的固碳放氧功能和价值分析——以樟木头林场为例 [J]. 桉树科技, 2008, 26 ( 1 ): 112-114.

[21] 方精云, 陈安平, 赵淑清. 中国森林生物量的估算: 对 Fang 等 Science 一文的若干说明 [J]. 植物生态学报, 2002, 26 ( 2 ): 243-249.

[22] 赵敏, 周广胜. 中国森林生态系统的植物碳贮量及其影响因子分析 [J]. 地理科学, 2004, 24 ( 1 ): 50-54.

[23] 杨洪晓, 吴波, 张金屯, 等. 森林生态系统的固碳功能和碳储量研究进展 [J]. 北京师范大学学报 ( 自然科学版 ), 2005, 41 ( 2 ): 172-177.

[24] Conant R T, Paustian K. Potential soil sequestration in overgrazed grassland ecosystems [J]. Global Biogeochemjcal Cycles, 2001, 16 ( 4 ): 1143-1151.

[25] 朴世龙, 方精云, 贺金生. 中国草地植被生物量及其空间分布格局 [J]. 植物生态学报, 2004, 28 ( 4 ): 491-498.

[26] Ni.J. Carbon storage in grasslands of China [J]. Journal of Arid Environments, 2002, 50: 205-218.

[27] Fan J, Zhong H, Harris W, et al. Carbon storage in the grassls of China based on field measurements of above-below-ground biomass [J]. Climatic Change, 2008, 86: 75-396.

[28] Piao S L, Fang J Y, Ciais P, et al. The carbon balance of terrestrial ecosystems in China [J]. Nature, 2009, 458: 1009-1013.

[29] IPCC Climate Change. The Physical Science Basis[R]. Contribution of Working Group 1 to the Fourth Assessment Report of the Inter-governmental Panel on Climate Change.UK: Cambridge University Press, 2007.

[30] 王绍强, 周成虎. 中国陆地土壤有机碳库的估算 [J]. 地理研究, 1999, 18 ( 4 ): 349-356.

[31] Schneider U A. Agricultural Sector Analysis on Greenhouse Gas Emission Mitigation in the United States [D]. Texas: Texas A & M University, 2000.

[32] 林而达. 气候变化与农业可持续发展 [M]. 北京: 北京出版社, 2001.

[33] Cole C V. Agricultural options for mitigation of greenhouse gas emission [C]. Climate change Impacts, Adaptations and Mitigation of climate change: Intergovernmental panel on Climate Change, Cambridge: Cambridge University Press, 1996: 1-27.

[34] Lal R, Kimble J M, Follett R F, et al. The Potential of US Cropland to Sequester Carbon and Mitigate the Greenhouse Effect [M]. Chelsea,Michigan,USA: Ann Arbor Press, 1998.

[35] Cole CV, Flaneh K, Lee J. et al. Agricultural sources and sinks of carbon [J]. Warer, Air and Soil Pollution, 1993, 70: 111-122.

[36] National Climate Change Process. National Sinks Tables, Foundation Paper, final report[R].

Canada: National Climate Change Process, 1998.

[37] Zhang Y, Li C, Trettin C C, et al. Modelling soil carbon dynamics of forested wetland[C]. Symposum 43. Carbon Balance of Peatland Sponsor.International Peat Society, 1999.

[38] Schellhase H U, Maelsaae E A, Smith H. Carbon budget estimates for reservoirs on the Columbia River in British Columbia [J]. The Environmental Professional, 1997, 9: 48-57.

[39] 陈宣瑜. 中国湿地研究 [M]. 长春：吉林科学技术出版社，1995.

[40] 马学慧，吕宪国，杨青，等. 三江平原沼泽地碳循环初探 [J]. 地理科学，1996, 16（4）：323-330.

[41] 王绍强，许瑶，周成虎. 土地覆被变化对陆地碳循环的影响——以黄河三角洲河口地区为例[J]. 遥感学报，2001, 5（2）：142-148.

[42] Van der Peijl M J, Verhoeven J T A. A model of carbon, nitrogen and phosphorus dynamics and their interaction in river marginal wetlands[J]. Ecological Modelling,1999, 118: 95-130.

[43] Wynn T M, Leehr S K. Development of a constructed subsurface-flow wetland simulation model [J]. Ecological Engineering, 2001, 16: 511-536.

[44] Lal R. Soil carbon sequestration to mitigate climate change [J]. Geoderma, 2004, 123: 1-22.

[45] Smith P. Carbon sequestration in cropland: The potential in Europe and the global contex [J]. European journal of agronomy, 2004, 20: 229-236.

[46] Bohn H L. Estimate of organic carbon in world soils [J]. Soil Science Society of America Journal, 1982, 46: 1118-1119.

[47] Post W M, Emanuel W R, ZikneP, et al. Soil carbon pools and life zones [J]. Nature, 1982, 298（8）：156-159.

[48] Rubey W W. Gelogic history of sea water: an attempt to statete problem [J]. Geoloieal Society of America Bulletin, 1951, 62: 1111-1148.

[49] Bajtes N H. Total carbon and nitrogen in the soils of the world [J]. European Journal of Soil Science, 1996, 47: 151-163.

[50] Eswaran H, Van Den Berg E, Reieh P. Organic carbon in soils of the world [J]. Soil Science Society of America Journal, 1993, 57: 192-194.

[51] 方精云，刘国华，徐嵩龄. 中国陆地生态系统的碳循环及其全球意义 [M]. 北京：中国环境科学出版社，1996.

[52] 李克让，王绍强，曹明奎. 中国植被和土壤碳贮量 [J]. 中国科学（D辑），2003, 3（1）：72-80.

[53] 解宪丽，孙波，周慧珍，等. 不同植被下中国土壤有机碳的储量与影响因子[J]. 土壤学报，2004, 41（5）：687-699.

[54] 王绍强，周成虎，李克让，等. 中国土壤有机碳库及空间分布特征分析 [J]. 地理学报，2000, 55（5）：533-544.

[55] 于东升，史学正，孙维侠，等. 基于1100万土壤数据库的中国土壤有机碳密度及储量研究 [J]. 应用生态学报，2005, 16（12）：2279-2253.

[56] 金峰，杨浩，蔡祖聪，等. 土壤有机碳密度及储量的统计研究 [J]. 土壤学报，2001, 38（4）：522-528.

[57] 周健，肖荣波，庄长伟，等. 城市森林碳汇及其核算方法研究进展 [J]. 生态学杂志，2013（12）：3368-3377.

[58] 应天玉，李明泽，范文义. 哈尔滨城市森林碳储量的估算 [J]. 东北林业大学学报，2009（9）：33-35.

[59]  徐飞，刘为华，任文玲，等.上海城市森林群落结构对固碳能力的影响 [J]. 生态学杂志，2010（3）：
      439-447.

[60]  施维林，钟宇鸣，程思娴.城市植被碳汇研究方法及进展 [J]. 苏州科技学院学报（自然科学版），2013( 1 )：
      59-64.

[61]  姜刘志，杨道运，梅立永，等.深圳市红树植物群落碳储量的遥感估算研究 [J]. 湿地科学，2018，16( 5 )：
      618-625.

[62]  叶祖达.建立低碳城市规划工具——城乡生态绿地空间碳汇功能评估模型 [J]. 城市规划，2011,36（2）：
      32-38.

[63]  叶有华，邹剑锋，吴锋，等.高度城市化地区碳汇资源基本特征及其提升策略 [J]. 环境科学研究，
      2012，25（2）：240-244.

[64]  陈莉，李佩武，李贵才，等.应用 CITYGREEN 模型评估深圳市绿地净化空气与固碳释氧效益 [J]. 生
      态学报，2009，29（1）：272-282.

[65]  徐亚如，戴菲，殷利华.基于美国景观绩效平台（LPS）的生态绩效研究——以武汉园博园为例 [C]. 中
      国风景园林学会 2019 年会论文集（上册）. 北京：中国建筑工业出版社，2019：581-585.

[66]  Gajda, J., F.M.G. Miller, P.C. Association. Concrete as a sink for atmospheric carbon dioxide:
      A literature review and estimation of $CO_2$ absorption by Portland Cement concrete[R]. Portland
      Cement Association. 2000.

[67]  Gajda, J., Absorption of atmospheric carbon dioxide by portland cement concrete[R]. PCA R &
      D Serial, （2255a）. 2001.

[68]  Liang, M.T., W.J. Qu, and Y.S. Liao, A study on carbonation in concrete structures at existing
      cracks[J]. Journal of the Chinese Institute of Engineers, 2000, 23（2）:143-153.

[69]  Chang, C.F. and J.W. Chen, The experimental investigation of concrete carbonation depth[J].
      Cement and concrete research, 2006, 36（9）:1760-1767.

[70]  Monteiro, I. Branco, F., Brito, J. d. &Neves, R. Statistical analysis of the carbonation coefficient
      in open air concrete structures[J]. Construction and Building Materials, 2012, 29:263-269.

[71]  Talukdar, S., Banthia, N., Grace, J. & Cohen, S. Carbonation in concrete infrastructure in the
      context of global climate change: Part 2 - Canadian urban simulations[J]. Cement and Concrete
      Composites, 2012, 34: 931-935.

[72]  Taylor H. Cement Chemistry[J]. Chemistry for Engineers, 1998, 134.

[73]  Nowak D J , Civerolo K L , Rao S T , et al. A modeling study of the impact of urban trees on
      ozone[J]. Atmospheric Environment, 2000, 34（10）:1601-1613.

[74]  Nowak D J, Crane D E. Carbon storage and sequestration by urban trees in the USA[J].
      Environmental Pollution, 2002, 116（3）:381-389.

[75]  Nowak D J. Assessing urban forest effects and values, Los Angeles' urban forest[J].
      Northeastern Research Station Usda Forest Service, 2011, 91:1-76.

[76]  Pommer K, Pade C. Guidelines: Uptake of carbon dioxide in the life cycle inventory of
      concrete[M]. Stockholm: Nordic Innovation Centre, 2006.

[77]  Pade, C. & Guimaraes, M. The $CO_2$ uptake of concrete in a 100 year perspective[J]. Cement
      and concrete research , 2007,37:1348-1356.

[78]    Andersson R, Fridh K, Stripple H & Häglund M. Calculating $CO_2$ uptake for existing concrete structures during and after service life[J]. Environmental science & technology, 2013,47: 11625-11633.

[79]    Houghton J. T. Revised 1996 IPCC guidelines for national greenhouse gas inventories[R]. Intergovernmental Panel on Climate Change, 1997.

[80]    Eggleston S, Buendia L & Miwa K. 2006 IPCC guidelines for national greenhouse gas inventories: Volume 3 industrial processes and product use[C]. Kanagawa. JP: Institute for Global Environmental Strategies, 2006.

[81]    Yang K H, Seo E, Tae S H. Carbonation and $CO_2$ uptake of concrete[J]. Environmental Impact Assessment Review, 2014, 46（4）:43-52.

[82]    Garcia-Segura T , Yepes V , Alcala J . Life cycle greenhouse gas emissions of blended cement concrete including carbonation and durability[J]. International Journal of Life Cycle Assessment, 2014, 19（1）:3-12.

[83]    孙楠楠 . 运输及碳化对 RAC 生命周期碳排放的影响研究 [D]. 杭州：浙江大学，2014.

[84]    张涑贤，孙永乐 . 钢筋混凝土结构建筑生命周期碳平衡研究 [J]. 生态经济，2015，31（5）：78-82.

[85]    郗凤明，石铁矛，王娇月，等 . 水泥材料碳汇研究综述 [J]. 气候变化研究进展，2015，11（4）：288-296.

[86]    Xi F, Davis S J, Ciais P, et al. Substantial global carbon uptake by cement carbonation[J]. Nature Geoscience, 2016, 9（12）: 880-883.

[87]    余丽武 . 建筑材料 [M]. 南京：东南大学出版社，2013.

[88]    尹红宇，吕海波，赵艳林 . 碳化水泥砂浆分形特征研究 [J]. 混凝土，2009（8）：106-108.

[89]    Moorehead DR. Cementation by the carbonation of hydrated lime[J]. Cement and Concrete Research, 1986, 16: 700-708.

[90]    方景，梅国兴，陆采荣 . 影响混凝土碳化主要因素及钢锈因素试验研究 [J]. 混凝土，1993（2）：23-26.

[91]    Ventol à L, Vendrell M, Giraldez P, et al. Traditional organic additives improve lime mortars: New old materials for restoration and building natural stone fabrics[J]. Construction and Building Materials, 2011, 25: 3313-3318.

[92]    杨长辉，吕春飞，陈科，等 . 碱矿渣水泥砂浆抗碳化性能研究 [J]. 混凝土，2009，（8）：100-102.

[93]    Bureau of Economic Analysis, US Department of Commerce （2003）Fixed assets and consumerdurable goods in the United States, 1925-1997[R]. Bureau of Economic Analysis, US Department of Commerce, Washington, DC.

[94]    毛蒋兴，闫小培 . 城市交通系统与城市空间格局互动影响研究 [J]. 城市规划，2005（5）:45-49.

[95]    吕斌，孙婷 . 低碳视角下城市空间形态紧凑度研究 [J]. 地理研究，2013，32（6）：1057-1067.

[96]    杨荣军 . "低碳城市" 的空间结构分析 [D]. 天津：天津大学，2010.

[97]    刘志林，秦波 . 城市形态与低碳城市：研究进展与规划策略 [J]. 国际城市规划，2013，28（2）：4-11.

[98]    周潮，刘科伟，陈宗兴 . 低碳城市空间结构发展模式研究 [J]. 科技进步与对策，2010（22）：56-59.

[99]    Zak, Donald R. Ecosystem Succession and Nutrient Retention: Vitousek and Reiners' Hypothesis[J]. Bulletin of the Ecological Society of America, 2016, 95（3）:234-237.

[100] Ned H. Euliss, LM Smith, DA Wilcox, et al. Linking Ecosystem Processes with Wetland Management Goals: Charting a Course for a Sustainable Future[J]. Wetlands, 2008, 28（3）:553-562.

[101] 郝庆菊, 王跃思, 宋长春, 等. 垦殖对沼泽湿地 CH 和 NO 排放的影响[J]. 生态学报, 2007, 27（8）:3417-3426.

[102] 蔡玉梅, 刘彦随, 宇振荣, 等. 土地利用变化空间模拟的进展——CLUE-S 模型及其应用[J]. 地理科学进展, 2004, 23（4）:63-71.

[103] 汤洁, 姜毅, 李昭阳, 等. 基于 CASA 模型的吉林西部植被净初级生产力及植被碳汇量估测[J]. 干旱区资源与环境, 2013, 027（4）:1-7.

[104] 李猛, 何永涛, 付刚, 等. 基于 TEM 模型的三江源草畜平衡分析[J]. 生态环境学报, 2016, 25（12）:1915-1921.

[105] 潘萍, 韩润生, 常河, 等. 数字遥感技术在土地利用动态监测中的应用概述[J]. 国土资源遥感, 2011, 11（2）:7-11.

[106] 严燕儿, 赵斌, 郭海强, 等. 生态系统碳通量估算中耦合涡度协方差与遥感技术研究进展[J]. 地球科学进展, 2008, 23（8）:884-894.

[107] 李婷, 李晶, 杨欢. 基于遥感和碳循环过程模型的土壤固碳价值估算——以关中天水经济区为例[J]. 干旱区地理（汉文版）, 2016, 39（2）:451-459.

[108] 杨磊, 李贵才, 林姚宇, 等. 城市空间形态与碳排放关系研究进展与展望[J]. 城市发展研究, 2011, 18（2）:12-17,81.

[109] 龙瀛, 毛其智, 杨东峰, 等. 城市形态交通能耗和环境影响集成的多智能体模型[J]. 地理学报, 2011, 66（8）:1033-1044.

[110] 郑皓. 城市结构形态低碳化的规划策略[J]. 规划师, 2012, 28（5）:95-100.

[111] 赵亮. 城镇区域碳源碳汇时空格局研究[D]. 西安: 西北大学, 2012.

[112] 翁许凤. 基于碳汇理念下的城市景观生态设计应用研究[D]. 天津: 天津大学, 2012.

[113] 邢燕燕. 城市空间增长下的西安市碳汇格局动态与城市碳增汇研究[D]. 西安: 陕西师范大学, 2012.

[114] 覃盟琳, 赵静, 黎航, 等. 城市边缘区碳源碳汇用地空间扩张模式研究[J]. 广西大学学报（自然科学版）, 2014（4）: 941-947.

[115] 宗芮. 基于碳汇绩效的西安市域绿地系统空间布局模式研究[D]. 西安: 西安建筑科技大学, 2018.

[116] Batjes N H. Total carbon and nitrogen in the soils of the world[J]. Eur Siol Sci, 1996, 47: 151-163.

[117] Post W M, Emanuel M R, Zinek P J, et al. Soil carbon pools and world life zones[J]. Nature, 1982, 298: 156-159.

[118] 郗凤明, 王娇月, 石铁矛, 等. 水泥碳汇及其对全球碳失汇的贡献研究[M]. 北京: 科学出版社, 2018.

[119] 徐飞, 陈正, 莫林. 混凝土碳化试验与碳化深度测定方法的对比分析[J]. 工程与试验, 2013（4）: 27-31.

[120] Andersson R, Fridh K, Stripple H, et al. Calculating $CO_2$ Uptake for Existing Concrete Structures during and after Service Life[J]. Environmental Science & Technology, 2013, 47（20）:11625-11633.

[121] 黄和平, 毕军, 张炳, 等. 物质流分析研究述评[J]. 生态学报, 2007, 27（1）:368-379.

[122] 吴明，姜国强，贾冯睿，等．基于物质流和生命周期分析的石油行业碳排放 [J]．资源科学，2018, 40（6）:195-204.

[123] 石磊，楼俞．城市物质流分析框架及测算方法 [J]．环境科学研究，21（4）: 196-200.

[124] 陈永梅，张天柱．北京住宅建设活动的物质流分析 [J]．建筑科学与工程学报，2005, 22（3）:80-83.

[125] 王文婷，何廷树，史琛，等．无机盐对水泥砂浆碳化性能的影响 [J]．硅酸盐通报，2013, 32（1）:56-59.

[126] Yin H-Y, Lv H-B, Zhao Y-L. Fractal Characteristics of Cement paste by Carbonation[J]. Concrete, 2009, 8:97-99.

[127] Arandigoyen M, Bicer-Simsir B, Alvarez JI, et al. Variation of microstructure with carbonation in lime and blended pastes[J]. Applied Surface Science, 2006, 252: 7562-7571.

[128] Diamond S, Kinter EB. Mechanisms of soil-lime stabilization[J]. Highway Research Record, 1965, 92: 83-102.

[129] Local standards of Beijing. The application procedures of Premixed abrasive DBJ01-99-2005[S].Beijing: The Beijing municipal construction committee,2005（in Chinese）.

[130] Anton K.schindler and Kevin J. Folliard. Heat of hydration models for cementitious materials[J]. ACI Materials Journal, 2005.1-2.PP24-33.

[131] Liu L-L. A Study on lime Carbon Sequestration Calculation[D]. Shenyang: Institute of Applied Ecology, Chinese Academy of Sciences, 2018.

[132] 和博．石灰对土壤的影响研究 [D]．保定: 河北农业大学,2010.

[133] McHale M R, McPherson E G, Burke I C. The potential of urban tree plantings to be cost effective in carbon credit markets [J]. Urban Forestry and Urban Greening, 2007, 6:49 - 60.

[134] Grimm N B, Faeth S H, Golubiewski NE, et al. 2008. Global change and the ecology of cities [J]. Science, 2008, 319:756 - 760.

[135] 张伟畅，盛浩，钱奕琴，等．城市绿地碳库研究进展 [J]．南方农业学报，2012. 43（11）: 1712-1717.

[136] Liu C, Li X. Carbon storage and sequestration by urban forests in Shenyang, China [J]. Urban Forestry & Urban Greening, 2012. 11: 121-128.

[137] 王紫君，申广荣，朱赟，等．基于遥感和空间分析的上海城市森林生物量分布特征 [J]．植物生态学报，2016, 40（4）:385-394.

[138] Rouse J W, Haas R H, Schell J A, et al. Monitoring vegetation systems in the Great Plains with ERTS [C]. NASA SP-351, Third Earth Resoures Technology Satellite-1 Symposium, NASA, Washington, 1973, 1: 309-317.

[139] Pearson R L, Miller L R. Remote mapping of standing crop biomass for estimation of the productivity of the short-grass prairie [C]. Pawnee National Grasslands, Proceedings of the 8th International symposium on remote sensing of environment. Ann Arbor. MI: ERIM: 1972: 1357-1381.

[140] Jordan C F. Derivation of leaf-area index from quality of light on the forest floor [J]. Ecology, 1969, 50: 663-666.

[141] Huete A R. A soil-adjusted vegetation index （SAVI）[J]. Remote Sensing of Environment, 1988, 25: 295-309.

[142] Qi J, Huete AR. Interpretation of vegetation indices derived from multi-temporal SPOT images

[J]. Remote Sensing of Environment, 1993, 44: 89-101.

[143] 李海奎, 雷渊才. 中国森林植被生物量和碳储量评估 [M]. 北京: 中国林业出版社, 2010.

[144] Cai S, Kang X, Zhang L. Allometric models for aboveground biomass of ten tree species in northeast China [J]. Annals of Forest Research, 2013, 56: 105-122.

[145] Lei X, Zhang H, Bi H. Additive aboveground biomass equations for major tree species in over-logged forest region in northeast China [C]. IEEE Fourth International Symposium on Plant Growth Modeling. IEEE, 2013: 220-223.

[146] Dong L, Zhang L, Li F. A compatible system of biomass equations for three conifer species in Northeast, China [J]. Forest Ecology and Management, 2014, 329: 306–317.

[147] He H, Zhang C, Zhao X, et al. Allometric biomass equations for 12 tree species in coniferous and broadleaved mixed forests, Northeastern China [J]. PLOS ONE, 2018, 13（1）: e0186226.

[148] 贺红早, 黄丽华, 段旭, 等. 贵阳二环林带主要树种生物量研究 [J]. 贵州科学, 2007, 3: 33-39.

[149] 李晓娜, 国庆喜, 王兴昌, 等. 东北天然次生林下木树种生物量的相对生长 [J]. 林业科学, 2010, 46（8）: 22-32.

[150] 姚正阳, 刘建军. 西安市 4 种城市绿化灌木单株生物量估算模型 [J]. 应用生态学报, 2014, 25（1）: 111-116.

[151] Yao Z Y, Liu J J, Zhao X W, et al. Spatial dynamics of aboveground carbon stock in urban green space: A case study of Xi'an, China [J]. Journal of Arid Land, 2015, 7（3）: 350-360.

[152] Nowak D J, Greenfield E J, Hoehn R E, et al. Carbon storage and sequestration by trees in urban and community areas of the United States [J]. Environmental Pollution, 2013, 178: 229-236.

[153] Nowak D J. Atmospheric carbon dioxide reduction by Chicago's urban forest[R]. McPherson EG, Nowak DJ, Rowntree RA, eds. Chicago's Urban Forest Ecosystem: Results of the Chicago Urban Forest Climate Project. Forest Service General Technical Report NE-186. U.S. Department of Agriculture, Forest Service, Northeastern ForestExperiment Station, Radnor, PA, 1994: 83-94.

[154] 应天玉, 李明泽, 范文义, 等. 哈尔滨城市森林碳储量的估算 [J]. 东北林业大学学报, 2009, 37（9）: 33-35.

[155] 张云霞, 李晓兵, 陈云浩. 草地植被盖度的多尺度遥感与实地测量方法综述 [J]. 地球科学进展, 2003, 18（1）: 85-93.

[156] 熊俊楠, 彭超, 程维明, 等. 基于 MODIS-NDVI 的云南省植被覆盖度变化分析 [J]. 地球信息科学学报, 2018, 20（12）: 1830-1840.

[157] Ma J, Bu R, Liu M, et al. Ecosystem carbon storage distribution between plant and soil in different forest types in Northeastern China [J]. Ecological Engineering, 2015, 81: 353-362.

[158] 许格希, 裴顺祥, 郭泉水, 等. 城市热岛效应对气候变暖和植物物候的影响 [J]. 世界林业研究, 2011, 24（6）: 12-17.

[159] Gregg J W, Jones C G, Dawson T E. Urbanization effects on tree growth in the vicinity of New York City[J]. Nature, 2003, 424（6945）: 183-187.

[160] Golubiewski N E. Urbanization increases grassland carbon pools: Effects of landscaping in

Colorado's front range [J]. Ecological Applications, 2006, 16:555-571.

[161] Zhao M, Kong Z, Escobedo FJ, et al. Impacts of urban forests on offsetting carbon emissions from industrial energy use in Hangzhou, China [J]. Journal of Environmental Management, 2010, 91（4）: 807-813.

[162] Davies Z G, Edmondson J L, Heinemeyer A, et al. Mapping an urban ecosystem service: quantifying above-ground carbon storage at a city-wide scale [J]. Journal of Applied Ecology, 2011, 48（5）:1125－1134.

[163] 周健，肖荣波，庄长伟，等. 城市森林碳汇及其抵消能源碳排放效果——以广州为例 [J]. 生态学报，2013, 33（18）: 5865-5873.

[164] Yang J, Mc Bride J, Zhou J, et al. The urban forest in Beijing and its role in air pollution reduction [J]. Urban Forestry and Urban Greening, 2005, 3: 65－78.

[165] 方精云，柯金虎，唐志尧，等. 生物生产力的"4P"概念、估算及其相互关系 [J]. 植物生态学报，2001（4）: 414-419.

[166] 朱文泉，潘耀忠，张锦水. 中国陆地植被净初级生产力遥感估算 [J]. 植物生态学报，2007（3）: 413-424.

[167] 朱文泉，潘耀忠，何浩，等. 中国典型植被最大光利用率模拟 [J]. 科学通报，2006（6）: 700-706.

[168] Ruimy A, Saugier B, Deieu G, et al. Methodology for the estimation of terrestrial net primary production from remotely sensed data [J]. Journal of Geophysical Research, 1994, 99: 5263-5283.

[169] Schneider A, Friedl M A, Potere D. Mapping global urban areas using MODIS 500-m data: New methods and datasets based on 'urban ecoregions'[J]. Remote Sensing of Environment, 2010, 114（8）: 1733－1746. doi: 10.1016/j.rse.2010.03.003.

[170] R. Pouyat, P. Groffman, I. Yesilonis, and L. Hernandez. Soil carbon pools and fluxes in urban ecosystems[J]. Environ. Pollut, 2002, 116: 107－118.

[171] Seto K C, Güneralp B, Hutyra L R, 2012. Global forecasts of urban expansion to 2030 and direct impacts on biodiversity and carbon pools[J]. Proceedings of the National Academy of Sciences, 109（40）: 16083－16088. doi: 10.1073/pnas.1211658109.

[172] Grimm N B, Faeth S H, Golubiewski N E, et al. Global change and the ecology of cities[J]. Science, 2008, 319（5864）: 756－760. doi: 10.1126/science.1150195.

[173] Seto K C, Shepherd J M. Global urban land-use trends and climate impacts[J]. Current Opinion in Environmental Sustainability, 2009, 1（1）: 89－95. doi: 10.1016/j.cosust.2009.07.012.

[174] BATJES N H. The total C and N in soils of the world [J].European Journal of Soil Science,1996,47:151－163.

[175] S.A. Munson, A.E. Carey. Organic matter sources and transport in an agriculturally dominated temperate watershed, Appl[J]. Geochem, 2004, 19: 1111－1121.

[176] G.H. Ros, M.C. Hanegraaf, E. Hoffland, W.H. Riemsdijk. Predicting soil N mineralization: relevance of organic matter fractions and soil proper-ties, Soil Biol[J]. Biochem, 2011, 43: 1714－1722.

[177] Anastasia SH, Hans JS, Valeri LP. Urbanized territories as a specific component of the global

carbon cycle[J]. Ecol Model, 2004, 173（2－3）:295－312.

[178] Aber, J., W. McDowell, K. Nadelhoffer, A. Magill, G. Berntson, M. Kamakea, S. McNulty, W. Currie, L. Rustad, and I. Fernandez. Nitrogen saturation in temperate ecosystems[J]. BioScience, 1998, 48:921－934.

[179] 环境保护部. 土壤 有机碳的测定 重铬酸钾氧化—分光光度法 HJ 615-2011[S]. 北京：中国环境科学出版社，2011.

[180] 中华人民共和国农业部. 土壤 pH 的测定 NY/T 1377-2007[S]. 北京：中华人民共和国农业部，2007.

[181] 环境保护部. 土壤 干物质和水分的测定 重量法 HJ 615-2011[S]. 北京：中国环境科学出版社，2011.

[182] 段迎秋，魏忠义，韩春兰，孔令苏，王秋兵. 东北地区城市不同土地利用类型土壤有机碳含量特征 [J]. 沈阳农业大学学报，2008（3）:324-327.

[183] 刘慧屿，李双异，汪景宽. 辽宁省农田土壤有机碳变化的模拟研究 [J]. 土壤通报，2014, 45( 1 ):105-109.

[184] Golubiewski, N. E. Urbanization increases grassland carbon pools: Effects of landscaping in Colorado's front range[J]. Ecological Applications, 2006, 16: 555－571.

[185] Kaye J P, Majumdar A, Gries C et al. Hierarchical Bayesian scaling of soil properties across urban, agricultural, and desert ecosystems[J]. Ecological Applications, 2008, 18（1）: 132－145. doi: 10.1890/06-1952.1.

[186] Edmondson J L, Davies Z G, McHugh N et al. Organic carbon hidden in urban ecosystems[J]. Scientific Reports, 2012, 2: 963. doi: 10.1038/srep00963.

[187] Terumasa T, Yoshihiro A, Kayo K et al. Carbon content of soil in urban parks in Tokyo, Japan[J]. Landsc Ecol Eng, 2008, 4（2）:139－142.

[188] Naizheng, X., Hongying, L., Feng, W., & Yiping, Z. Urban expanding pattern and soil organic, inorganic carbon distribution in Shanghai, China[J]. Environmental Earth Sciences, 2011,66（4）, 1233－1238. doi:10.1007/s12665-011-1334-z.

[189] Luo, S, Mao, Q, & Ma, K. Comparison on soil carbon stocks between urban and suburban topsoil in Beijing, China[J]. Chinese Geographical Science, 2014, 24（5）, 551－561. doi:10.1007/s11769-014-0709-y.

[190] Pouyat R.V, I.D. Yesilonis, and N.E. Golubiewski. A comparison of soil organic carbon stocks between residential turfgrass and native soil[J]. Urban Ecosyst, 2009, 12:45－62.

[191] Compton J E, Boone R D. Long-term impacts of agriculture on soil carbon and nitrogen in New England forests[J]. Ecology, 2000, 81（8）: 2314－2330. doi: 10.1890/0012-9658（2000）081 [2314:Ltioao]2.0.Co;2.

[192] Knops J M H, Tilman D. Dynamics of soil nitrogen and carbon accumulation for 61 years after agricultural abandonment[J]. Ecology, 2000, 81（1）: 88－98. doi: 10.1890/0012-9658（2000）081[0088:DOSNAC]2.0.CO;2.

[193] Post W M, Kwon K C. Soil carbon sequestration and land-use change: Processes and potential[J]. Global Change Biology, 2000, 6（3）: 317－327. doi: 10.1046/j.1365-2486.2000.00308.x.

[194] 张甘霖，朱永官，傅伯杰. 城市土壤质量演变及其生态环境效应 [J]. 生态学报. 2003（3）:539-546.

[195] Kaye J. P, P.M.Groffman, N. B. Grimm, L. A. Baker, and R.V. Pouyat. A distinct urban biogeochemistry?[J]. Trends Ecol, 2006, 21:192－199.

[196] Pouyat R. V, Yesilonis I. D, & Nowak D. J. Carbon Storage by Urban Soils in the United States[J]. Journal of Environment Quality, 2006, 35（4）: 1566. doi:10.2134/jeq2005.0215.

[197] Pouyat R. V, Yesilonis I. D, Russell-Anelli J, & Neerchal N. K. Soil Chemical and Physical Properties That Differentiate Urban Land-Use and Cover Types[J]. Soil Science Society of America Journal, 2007, 71（3）: 1010. doi:10.2136/sssaj2006.0164.

[198] Pouyat R.V, J. Russell-Anelli, I.D. Yesilonis, and P.M. Groffman. Soil carbon in urban forest ecosystems[C] 2003: 347-362. In J.M. Kimble et al. （ed.）The potential of U.S. forest soils to sequester carbon and mitigate the greenhouse effect. CRC Press, Boca Raton, FL.

[199] LiZ-G, Zhang G-S, Liu Y, Wan K-Y, Zhang R-H, ChenF. Soil nutrient assessment for urban ecosystems in Hubei China[J]. PLoS ONE, 2013, 8:1‐8.

[200] Scharenbroch BC, Lloyd JE, Johnson-Maynard JL. Distinguishing urban soils with physical, chemical, and biological properties[J]. Pedobiologia, 2005, 49:283‐296.

[201] Lorenz K, Lal R. Biogeochemical C and N cycles in urban soils[J]. Environment International, 2009, 35（1）: 1‐8. doi: 10.1016/ j.envint.2008.05.00.

[202] L. Beyer, P. Kahle, H. Kretschmer, and Q. Wu. Soil organic matter composition of manimpacted urban soil in North Germany, J. Plant Nutr[J]. Soil Sci, 2001, 164: 359‐364.

[203] K. Lorenz, C. M. Preston, and E. Kandeler. Soil organic matter in urban soils: Estimation of elemental carbon by thermal oxidation and characterization of organic matter by solidstate 13C nuclear magnetic resonance spectroscopy[J]. Geoderma, 2006, 130: 312‐323.

[204] Kargar M, Jutras P, Clark O. G, Hendershot W. H & Prasher S. O. Macro-nutrient availability in surface soil of urban tree pits influenced by land use, soil age, and soil organic matter content[J]. Urban Ecosystems, 2015, 18（3）: 921‐936. doi:10.1007/s11252-015-0439-7.

[205] S.J. Park, Z. C. Cheng, H. Yang, E. E. Morris, et al. Differences in soil chemical properties with distance to roads and age of development in urban areas[J]. Urban Ecosyst, 2010, 13: 483‐497.

[206] Raciti S M, Groffman P M, Jenkins J C et al. Accumulation of carbon and nitrogen in residential soils with different land-use histories[J]. Ecosystems, 2011, 14（2）: 287‐297. doi: 10.1007/s 10021-010-9409-3.

[207] Qian Y L, Follett R F. Assessing soil carbon sequestration in turfgrass systems using long-term soil testing data[J]. Agronomy Journal, 2002, 94（4）: 930‐935. doi: 10.2134/ agronj2002.9300.

[208] Kaye J. P, McCulley R. L & Burke I. C. Carbon fluxes, nitrogen cycling, and soil microbial communities in adjacent urban, native and agricultural ecosystems[J]. Global Change Biology, 2005, 11, 575‐587.

[209] 王艳丽, 字洪标, 程瑞希, 等. 青海省森林土壤有机碳氮储量及其垂直分布特征 [J]. 生态学报, 2019, 39（11）: 4096-4105.

[210] 林婉奇, 邹晓君, 佘汉基, 等. 山杜英人工林土壤有机碳和营养元素的垂直分布格局 [J]. 东北林业大学学报, 2019, 47（12）: 55-59.

[211] 李龙, 秦富仓, 姜丽娜, 等. 土地利用方式和地形对半干旱区土壤有机碳含量的影响 [J]. 土壤, 2019, 51

（2）：406-412.

[212] Lorenz K, Lal R. Carbon Storage in Some Urban Forest Soils of Columbus, Ohio, USA[C]. Lal R, Augustin B: Carbon sequestration in urban ecosystems. Springer Science+Business Media B.V, Dordrecht, New York. 2012: 139–158.

[213] Lorenz K, Kandeler E. Biochemical characterization of urban soil profiles from Stuttgart, Germany [J]. Soil Biology and Biochemistry, 2005, 37（7）: 1373-1385.

[214] Beyer L, Kahle P, Kretschmer H, et al. Soil organic matter composition of man-impacted urban sites in north Germany [J]. Journal of PlantNutrition and Soil Science, 2001, 164（4）: 359-364.

[215] Bian Z X, Wang Q B. Study on urban park soil nutrients in Shenyang city's green areas [J]. Chinese Journal of Soil Science, 2003, 34（4）: 284-290.

[216] 宋洪涛, 崔丽娟, 栾军伟, 等. 湿地固碳功能与潜力 [J]. 世界林业研究, 2011, 24（6）: 6-11.

[217] Bullock A, Acreman M. The role of wetlands in the hydrological cycle [J]. Hydrology and Earth System Sciences, 2003, 7（3）:358-389.

[218] 郭伟, 何孟常, 杨志峰, 等. 大辽河水系表层水中多环芳烃的污染特征 [J]. 应用生态学报, 2007, 18(7): 1534-1538.

[219] 中华人民共和国水利部水文局. 中华人民共和国水文年鉴: 2012 年第 2 卷, 辽河流域水文资料, 第 3 册, 浑河、太子河水系 [M]. 北京: 中国水利水电出版社, 2013.

[220] Gao Q Z, Tao Z, Yao G R, et al. A preliminary study on the isotope of the riverine particulate organic carbon using AMS in the Zengjiang River, southern China [J]. Quaternary Sciences, 2004, 24（4）: 474-475.

[221] 叶琳琳, 吴晓东, 孔繁翔, 等. 太湖入湖河流溶解性有机碳来源及碳水化合物生物可利用性 [J]. 环境科学, 2015（3）: 914-921.

[222] Evans C D, Monteith D T, Cooper D M. Long-termincreases in surface water dissolved organic carbon: observations, possible causes and environmental impacts [J]. Environmental Pollution, 2005, 37:55-71.

[223] Cole J J, Prairie Y T, Caraco N F, et al. Plumbing the global carbon cycle: integrating inland waters into the terrestrial carbon budget [J]. Ecosystems. 2007, 10（1）: 172-185.

[224] 高全洲, 陶贞. 河流有机碳的输出通量及性质研究进展 [J]. 应用生态学报, 2003, 14（6）: 1000-1002.

[225] Zigah P K, Minor E C, Werne J P. Radiocarbon and stable carbon isotopic insights into provenance and cycling of carbon in Lake Surerior[J]. Limnology and Oceanography, 2011, 56（3）: 867-886.

[226] Gobler C J, Sanudo-Wilhelmy S A. Cycling of colloidal organic carbon and nitrogen during an estuarine phytoplankton bloom [J]. Limnology and Oceanography, 2003, 48（6）: 2314-2320.

[227] Minor E C, Simjouw J P, Mulholland M R. Seasonal variations in dissolved organic carbon concentrations and characteristics in a shallow coastal bay [J]. Marine Chemistry, 2006, 101（3-4）: 166-179.

[228] 张连凯, 覃小群, 杨慧, 等. 珠江流域河流碳输出通量及变化特征 [J]. 环境科学, 2013, 34（8）: 3025-3034.

[229] Luwig W, Probst J L, Kempe S. Predicting the oceanic input of organic carbon by continental erosion [J]. Global Biogeochemical Cycles, 1996, 10（2）: 161-175.

[230] 刘波，何师意. 洪湖湿地地质碳汇效应初步研究 [J]. 资源环境与工程，2016, 30（6）: 862-871.

[231] 吴红宝，秦晓波，吕成文，等. 脱甲河流域水体溶解有机碳时空分布特征 [J]. 农业环境科学学报，2016, 35（10）: 1968-1976.

[232] 王骏博. 溶解有机碳同位素测定方法研究及其在九龙江的应用 [D]. 厦门：国家海洋局第三海洋研究所，2015.

[233] 王婧，袁洁，谭香，等. 汉江上游金水河悬浮物及水体碳氮稳定同位素组成特征 [J]. 生态学报，2015, 35（22）: 7338-7346.

[234] 张金流，鲍祥，姚尧，等. 塘西河颗粒有机碳浓度季节变化及其来源分析 [J]. 环境科学与技术，2016, 39（2）: 201-205.

[235] Li W, Wu F, Liu C, et al. Temporal and spatial distributions of dissolved organic carbon and nitrogen in two small lakes on the Southwestern China Plateau [J]. Limnology, 2008, 9（2）: 163-171.

[236] Mc Nichol A P, Aluwihare L l. The power of radiocarbon in biogeo-chemical studies of the marine carbon cycle: Insights from studies ofdissolved and particulate organic carbon （DOC and POC）[J]. Chemical reviews, 2007, 107（2）: 443-466.

[237] Raymond P A, Bauer J E. Use of 14 C and 13 C natural abundances forevaluating riverine, estuarine, and coastal DOC and POC sources andcycling: a review and synthesis [J]. Organic Geochemistry, 2001, 32（4）: 469-485.

[238] 徐丹，陈敬安，杨海全，等. 贵州百花湖分层期水体有机碳及其稳定碳同位素组成分布特征与控制因素 [J]. 地球与环境，2014, 42（5）: 59-603.

[239] 魏秀国. 河流有机质生物地球化学研究进展 [J]. 生态环境，2007, 16（3）: 1063-1067.

[240] 谭慧娟，夏晓玲，吴川，等. 基于碳稳定同位素示踪的金水河颗粒有机碳来源辨析 [J]. 生态学报，2014, 34（19）: 5445-5452.

[241] Zigah P K, Minor E C, Werne J P. Radiocarbon and stable-isotope geochemistry of organic and inorganic carbon in Lake Surerior[J]. Global Biogeochemical Cycles, 2012, 26:1-20.

[242] 陈敬安，万国江，汪福顺，等. 湖泊现代沉积物碳环境记录研究 [J]. 中国科学：D 辑地球科学，2002, 32（1）: 73-80.

[243] 陈芳，夏卓英，宋春雷，等. 湖北省若干浅水湖泊沉积物有机质与富营养化的关系 [J]. 水生生物学报，2007, 31（4）: 467-471.

[244] 范成新. 湖沉积物理化特征及磷释放模拟 [J]. 湖泊科学，1995, 7（4）: 341-350.

[245] 李沛颖，石铁矛，王梓通. 单体到区域建筑碳汇计量方法与模型研究 [J]. 建筑技术，2019, 594（6）: 74-78.

[246] 赵顺波. 混凝土结构设计原理 [M]. 第 2 版. 上海：同济大学出版社，2013.

[247] 李果，袁迎曙，耿欧. 气候条件对混凝土碳化速度的影响 [J]. 混凝土，2004, 11: 49-51.

[248] 蒋清野，王洪深，路新瀛. 混凝土碳化数据库与混凝土碳化分析 [R]. 攀登计划——钢筋锈蚀与混凝土冻融破坏的预测模型 1997 年度研究报告，1997, 12.

[249] 朱安民. 混凝土碳化与钢筋混凝土耐久性 [J]. 混凝土，1992（6）:18-22.

[250] 牛荻涛 . 混凝土结构耐久性与寿命预测 [M]. 北京：科学出版社，2003.

[251] O.Skijolavold. ACISP-91 Madrid Proc[J]. 1986（2）:1031-1048.

[252] 蒋利学，张誉，刘亚芹，等 . 混凝土碳化深度的计算与试验研究 [J]. 混凝土，1996（4）：12-17.

[253] 颜承越 . 水灰比—碳化方程与抗压强度—碳化方程的比较 [J]. 混凝土，1994（1）：46-49.

[254] 邸小坛，周燕，陶里，等 . 钢筋锈蚀对混凝土构件性能影响的计算分析 [C]. 全国混凝土耐久性学术交流会，2000.

[255] 龚洛书，苏曼青，王洪琳 . 混凝土多系数碳化方程及其应用 [J]. 混凝土，1985（6）：12-18.

[256] 许丽萍，黄士元 . 预测混凝土中碳化深度的数学模型 [J]. 建筑材料学报，1991（4）：347-357.

[257] 沙慧文 . 粉煤灰混凝土碳化和钢筋锈蚀原因及防止措施 [J]. 工业建筑，1989，19（1）：7-10.

[258] 韦克宇 . 基于细胞自动机的混凝土碳化的骨料分布效应研究 [D]. 南宁：广西大学，2005.

[259] 王凤池，王磊，李木，等 . 混凝土建筑物碳化深度的模型预测 [J]. 沈阳建筑大学学报 : 自然科学版，2007，23（6）:914-917.

[260] 刘亚芹，张誉 . 表面覆盖层对混凝土碳化的影响与计算 [J]. 工业建筑，1997，27（8）：41-45.

[261] Maekawa K，Chaube R，Kishi T . Modelling of Concrete Performance: Hydration, Microstructure and Mass Transport[M]. London: Routledge: 2017-2023.

[262] Cahyad J H. Effect of carbonation on pore structure characteristics of mortar[M]. Tokyo: University of Tokyo, 1995.

[263] 金巧兰，李红伟，张彬 . 混凝土部分碳化区长度计算模型参数的探讨 [J]. 科技信息，2008，36：127.

[264] 鲍丙峰 . 水泥基材料微结构特征与碳化模型关系的研究 [D]. 南京：东南大学，2015.

[265] 李焦 . 碳化过程中水泥基材料微结构演变的比较研究 [D]. 南京：东南大学，2015.

[266] 黄利频，郑建岚 . 测试混凝土孔溶液的 pH 值研究混凝土的碳化性能 [J]. 福州大学学报（自然科学版），2012（6）：794-799.

[267] Souto-Martinez A，Delesky E A，Foster K E O，et al. A mathematical model for predicting the carbon sequestration potential of ordinary portland cement（OPC）concrete[J]. Construction & Building Materials, 2017, 147:417-427.

[268] 王梓通 . 基于时空因素耦合的混凝土建筑碳汇计量方法研究 [D]. 沈阳：沈阳建筑大学，2018.

[269] 汤煜，石铁矛，卜英杰，等 . 城市绿地碳储量估算及空间分布特征 [J]. 生态学杂志，2020，39（4）：1387-1398.

[270] 汤煜，石铁矛，卜英杰，等 . 城市化进程中沈阳城市绿地土壤有机碳储量空间分布研究 [J]. 中国园林，2019，35（12）:68-73.

[271] 张培峰，胡远满，熊在平，等 . 基于 QuickBird 的城市建筑景观格局梯度分析 [J]. 生态学报，2011（23）:7251-7260.

# 后 记

本书成果始于2016年，在国家自然基金（项目批准号：51578344）的资助下完成，集结了团队在绿色建筑、城市生态规划、景观生态方面课题中关于城市碳汇方面的研究成果，从城市生态系统自然与人工两方面构建了复合碳汇模型，可以快速有效地掌握城市各部分固碳能力及碳汇空间分布情况，有效地解决城市生态规划指标量化等问题，具有较高的学术价值与应用前景。

本书的相关研究得到了许多学者和同事的指导帮助，他们在研究过程中提出了宝贵的意见和建议，书中的研究内容也是团队老师和学生的多人成果汇集，作者向本书撰写过程中给予支持和帮助的各位专家、同事和同学表示衷心感谢。

感谢中国科学院沈阳应用生态研究所郗凤明研究员、刘淼研究员，邴志刚副研究员，他们在研究过程与本书撰写过程中给予了建议与帮助。

感谢研究过程做出大量工作的团队老师和学生。付士磊教授、李绥教授、李殿生教授、夏晓东副教授、石羽副教授等老师，王梓通、王迪、李振兴、高杨等博士，徐东旭、徐婷婷、张婉茹、于佳冬、卜英杰、陈润卿、于畅等硕士。

本书在撰写过程中学习和借鉴了国内外众多学者的研究成果，为此，作者努力收集详尽列在参考文献中，但难免有所疏漏，敬请各位专家理解，还望不吝赐教。

本书得到国家科学技术学术著作出版基金的资助，并特别感谢中国建筑工业出版社编辑们的支持与指导。

希望本书的出版能对"双碳"目标的实现，从城市碳汇角度提出思考与可能性，并在此基础上对碳中和背景下的城市低碳空间规划与城市空间格局发展提供理论方法、决策参考和科学借鉴。鉴于作者水平和经验有限，本书难免有疏漏与不妥之处，恳请广大读者批评指正并提出宝贵意见。

**图书在版编目（CIP）数据**

城市生态系统碳汇 = Carbon Sequestration in Urban Ecosystems / 石铁矛，汤煜，李沛颖著 . — 北京 : 中国建筑工业出版社，2022.6
ISBN 978-7-112-27561-8

Ⅰ . ①城… Ⅱ . ①石… ②汤… ③李… Ⅲ . ①城市—生态系—二氧化碳—排气—研究—中国 Ⅳ . ① X511

中国版本图书馆 CIP 数据核字 (2022) 第 113644 号

责任编辑：尤凯曦 杨 虹
文字编辑：冯之倩
书籍设计：强 森
责任校对：张 颖

**城市生态系统碳汇**

Carbon Sequestration in Urban Ecosystems

石铁矛 汤 煜 李沛颖 著

\*
中国建筑工业出版社出版、发行（北京海淀三里河路 9 号）
各地新华书店、建筑书店经销
北京海视强森文化传媒有限公司制版
北京富城彩色印刷有限公司印刷
\*
开本：787 毫米 × 1092 毫米 1/16 印张：14¼ 字数：255 千字
2022 年 6 月第一版 2022 年 6 月第一次印刷
定价：**106.00** 元
ISBN 978-7-112- 27561-8
（39737）